Lieferantenbewertung
- aber wie?

Horst Hartmann/Heinrich Orths/
Hans-Joachim Pahl

Lieferantenbewertung – aber wie?

Lösungsansätze und erprobte Verfahren

Band 2
Praxisreihe Einkauf/Materialwirtschaft
herausgegeben von
Professor Dr. Horst Hartmann

3. Auflage

Deutscher Betriebswirte-Verlag, Gernsbach

Bibliografische Informationen der Deutschen Bibliothek
Die Deutsche Bibliothek verzeichnet diese Publikation in der Deutschen Nationalbibliografie; detaillierte bibliografische Daten sind im Internet über http://d-nb.ddb.de abrufbar

4. Auflage 2008
Umschlaggestaltung: Jörg Schumacher, Gaggenau
Gesamtherstellung: Druck Partner Rübelmann GmbH, Hemsbach
ISBN: 978-3-88640-134-5

Inhaltsverzeichnis

Verzeichnis der Abbildungen

Verzeichnis der Beispiele

Vorwort

Da die klassische Zulieferbeziehung durch sehr viel komplexere Formen der Zusammenarbeit zwischen Einkauf und Lieferant abgelöst wird, schiebt sich die Lieferantenbewertung als ein objektives Instrument zur Sicherung und Steigerung des Leistungspotenzials der Lieferanten immer mehr in den Vordergrund. Die Auswahl des am besten geeigneten Lieferanten ist ein erster Schritt zum Erfolg. Viele Unternehmen haben das erkannt und ziehen im Einkauf eine analytische Denk- und Handlungsweise der oberflächlichen, rein historischen und oft subjektiv gefärbten Auswahl von Lieferanten vor. Im allgemeinen aber wird noch nicht jede Möglichkeit zur Verbesserung der Entscheidungsbasis genutzt. Das Methodendefizit auf dem Gebiet der Lieferantenbewertung ist nach wie vor erheblich.

In dem vorliegenden Buch - zugleich Band 2 der Schriftenreihe Einkauf/Materialwirtschaft - wird der Versuch unternommen, diese Lücke zu schließen. Im Rahmen der thematischen und didaktischen Aufbereitung des umfangreichen Stoffes stehen Beispiele als Anwendungsgrundlage im Mittelpunkt. Checklisten zur Informationsgewinnung und Kriterienwahl sowie Verfahrenslösungen vermitteln dem aufmerksamen Leser eine Fülle von Anregungen. Auch wenn kein Patentrezept im Sinne eines allgemeingültigen Verfahrens angeboten werden kann, so bietet doch ein detaillierter und mit vielen Abbildungen, EDV-Auswertungen und Zahlenbeispielen versehener Erfahrungsbericht über ein realisiertes Lieferantenbewertungs-Projekt Orientierungshilfe. Damit wird exemplarisch aufgezeigt, wie im Einkauf durch Einsatz unterstützender Systeme Kosten- und Kapazitätseffekte zu erzielen sind.

Die Arbeit beschränkt sich auf die Güter des periodischen und laufenden Bedarfs, da diese für eine fortlaufende Lieferantenanalyse und -beobachtung mit anschließender Bewertungsmöglichkeit am besten geeignet sind. Flexibilität im Einkauf ist gerade hier aufgrund der zunehmenden Internationalisierung der Beschaffungsmärkte gefordert. Diese Flexibilität kann durch den Einsatz von EDV-gestützten Lieferantenbewertungssystemen erhöht werden.

Das Buch erhebt keinen wissenschaftlichen Anspruch, sondern hat dann seinen Zweck erfüllt, wenn es dem Ratsuchenden oder Studierenden als praxisorientiertes Anwendungshandbuch dient.

Auch wenn Erkenntnisse und Erfahrungen aus vielen Einzelfällen ausgewertet wurden, so wird es dennoch Lücken in der Darstellung geben. Die Autoren sind daher für jeden Hinweis dankbar.

Kiel, im Mai 1992
Horst Hartmann

Vorwort zur zweiten Auflage

Umweltschutz geht alle an - auch die Lieferanten. Umweltorientiertes Einkaufsmanagement setzt daher voraus, dass die ökologischen Anforderungen bei der Lieferantenbewertung berücksichtigt werden. In der vorliegenden 2. Auflage wird der notwendigen ganzheitlichen Sicht der Umweltschutzaufgabe Rechnung getragen. Doch bleibt zu erwähnen, dass die Durchsetzung der Umweltschutzanforderungen oftmals ein schwieriger Prozess ist, da man aus wirtschaftlichen Gründen international einkauft.

Darüber hinaus wurden die seit Erscheinen der 1. Auflage in der Praxis sichtbar gewordenen Verhaltensänderungen in der Lieferantenforschung, ausgelöst durch die sich verbreitende Zertifizierung nach EN / ISO 9000, berücksichtigt. Auch die Beispiele aus der Praxis wurden aktualisiert.

Die Autoren sind für Hinweise, die zur weiteren Verbesserung des anwendungsorientierten Fachbuches führen, dankbar.

Überlingen, Juli 1997
Horst Hartmann

Vorwort zur dritten Auflage

Den wachsenden Herausforderungen der Märkte muss das Einkaufsmanagement mit neuen Strategien und Methoden begegnen. Das gilt nicht nur für große Unternehmen. Auch kleine mittelständische Unternehmen müssen unter zunehmendem Wettbewerbsdruck agieren und sich auf die Zukunft einstellen.

In diesem Zusammenhang ist nicht zu verkennen, dass bei weiter sinkender Fertigungstiefe die Bedeutung exzellenter Kunden-Lieferanten-Beziehungen weiter gewachsen ist. Die Informationsbeschaffung über neue Lieferanten, aber auch die Beobachtung bestehender Lieferbeziehungen sind wesentliche Erfolgsfaktoren für ein gezieltes Lieferantenmanagement.

Diesen Entwicklungen trägt die dritte Auflage des inzwischen anerkannten Fachbuches vor allem dadurch Rechnung, dass neben der fortgeschriebenen „klassischen“ Fallstudie ein weiteres Praxisbeispiel zur Lieferantenbewertung sowie praxisgerechte Bewertungstableaus und Checklisten aufgenommen wurden.

Darüber hinaus wurden alle Abschnitte mit dem Ziel überarbeitet, dem Ratsuchenden oder den Studierenden praxisgerechte Ansätze zur Lösung der vielschichtigen Bewertungsproblematik zu bieten, die dem Motto „Keep it Simple“ gerecht werden. Allerdings ist stets zu bedenken, dass es „das“ Lieferantenbewertungssystem nicht geben kann, das gleichsam per Rezept allen in Betracht kommenden Unternehmen in gleicher Weise verordnet werden könnte.

Überlingen, Sommer 2004
Horst Hartmann

Vorwort zur vierten Auflage

Ein leistungsfähiges Lieferantenbewertungssystem ist als fundamentale Voraussetzung für ein professionelles Lieferantenmanagement anzusehen. Es verwundert daher nicht, dass mit der Tendenz zum Aufbau und zur Entwicklung längerfristiger Kunden-Lieferantenbeziehungen der Einsatz eines modularen Lieferantenbewertungssystems zunehmend auch in mittelständigen Unternehmen als sinnvoll erkannt wird, - unabhängig von den an eine Zertifizierung gebundenen Voraussetzungen. Der zügige Verkauf der dritten Auflage ist dafür ein deutliches Indiz.

Als besonderer Aspekt einer systematisch verfolgten Lieferantenbewertung hat sich die Identifikation und Einschätzung von Risikopotenzialen herauskristallisiert. Dieser unternehmerischen Verantwortung muss der strategische Einkauf durch eine gezielte Vorgehensweise gerecht werden. Die nunmehr vorliegende vierte Auflage trägt dieser Entwicklung Rechnung, indem Lieferantenmanagement zugleich als Risikomanagement verstanden wird.

Die Fallstudien blieben unverändert, da diesen die typischen Merkmale einer anwenderfreundlichen Umsetzung in der Praxis bewährter Verfahren zuzuschreiben sind. Das gilt nicht nur für die in einem Konzern seit langem mit Erfolg praktizierte erste Fallstudie, sondern auch für die zweite Fallstudie, die in einem mittelständigen Unternehmen eingeführt wurde. Diese basierte auf eigenprogrammierten Bewertungs- und Klassifizierungsregeln, kommt jedoch nach Umstellung auf SAP in dieser Form nicht mehr zum Einsatz. Da sich das Konzept nach übereinstimmender Auffassung der Anwender bewährt hat, kann die Fallstudie „zeitlos“ im Sinne von Benchmarking als Referenzobjekt herangezogen werden.

Ich hoffe, dass die Erwartungen der Leser unabhängig von ihrer Funktion und Position im Unternehmen erfüllt werden.

Im Sommer 2008
Horst Hartmann

1 Grundlagen und Grundtatbestände der Lieferantenbewertung

Horst Hartmann

Das Problem der **Lieferantenbewertung** ist nicht neu. Auch bislang war der **Einkauf** bemüht, dem Unternehmen die günstigsten Bezugsquellen zu erschließen. Doch die Auswahl des "optimalen" Lieferanten erfolgte in der Regel unsystematisch und war von subjektiven Gesichtspunkten geprägt. Vernachlässigt wurde in der Regel die **Informationsgewinnung** über die wirtschaftliche, ökologische und technische **Leistungsfähigkeit** eines (potenziellen) Lieferanten. Die entwickelten Verfahren des Angebotsvergleichs reichten dazu nicht aus. Strategische Aspekte der Lieferantenpolitik blieben dabei unbeachtet.

Die heutige enge Verflechtung der internationalen Beschaffungsmärkte, die kurzen Innovationszyklen, der Produkt- und Qualitätsfortschritt auf dem Weltmarkt, die Verringerung der Fertigungstiefe und Just-in-Time-Beschaffung haben den Einkauf als Schnittstelle zu den Märkten verstärkt in den Mittelpunkt unternehmerischen Handelns gerückt und vermehrt zu einer strategischen Ausrichtung der Beschaffungspolitik geführt. Eine neue, partnerschaftlich orientierte Lieferantenpolitik ist Bestandteil dieser Strategie. Um diese Partnerschaft vertrauensvoll gestalten zu können, bedarf es der genauen Kenntnis der Anforderungen und der Leistungsfähigkeit des Lieferanten. Mit anderen Worten:

- Wenn man die Lieferantenbewertung dem Zufall überlässt, wird sie zu einem Risiko für das Unternehmen.
- Nur ein System, das die Anforderungskriterien definiert sowie Leistungsfähigkeit und Lieferleistung des Lieferanten umfassend und objektiv bewertet, gibt allen Beteiligten Sicherheit für den internen Prozess und für die Kommunikation mit dem Partner.

Obwohl es kein allgemein gültiges System der Lieferantenbewertung gibt - jedes Unternehmen hat seine eigenen beschaffungspolitischen Zielsetzungen, aus denen Anforderungskriterien und Gewichtungen abzuleiten sind -, sollten doch die unter Ziffer 2 in diesem Buch ausführlich dargelegten systematischen Anforderungen erfüllt werden und die erforderlichen Festlegungen getroffen sein.

Das Lieferantenbewertungssystem (LBS) sollte im Rahmen eines professionellen Lieferantenmanagement[1] Transparenz über die Leistungsfähigkeit von Lieferanten und deren Lieferleistung verschaffen und damit ein zielgerichtetes Lieferantencontrolling ermöglichen (vgl. Abb. 1), zumal Lieferantenmanagement zugleich Risikomanagement ist.

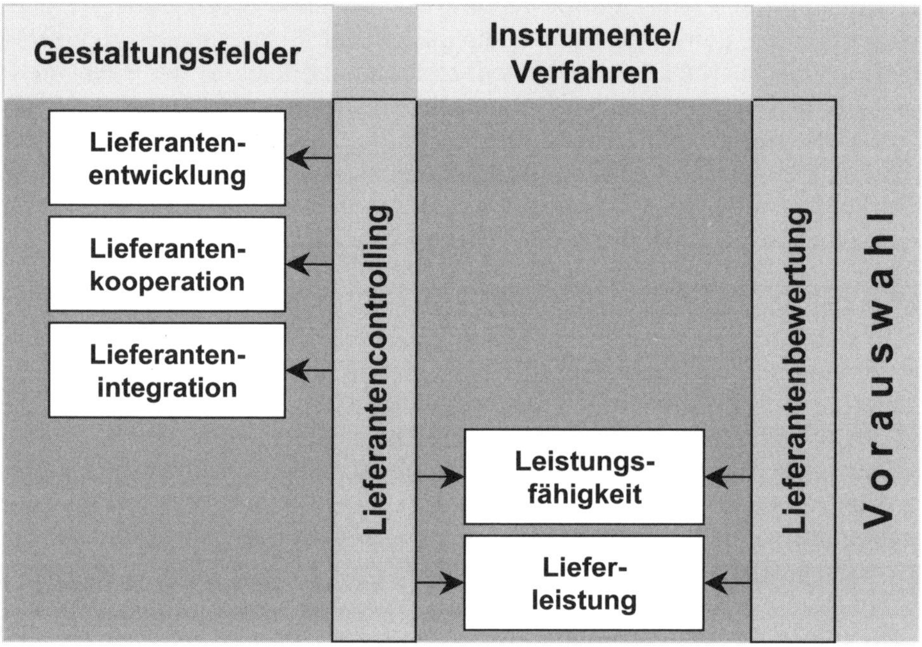

Abbildung 1: Lieferantenbewertung und -controlling als Elemente eines Lieferantenmanagementsystems

Die "Formel" für ein umfassendes Lieferantenbewertungssystem lautet somit:

- Lieferantenqualität = Leistungsfähigkeit + Lieferleistung

---

[1] Ausführlich dazu H. Hartmann, Lieferantenmanagement: Gestaltungsfelder, Methoden, Instrumente, Gernsbach 2004, S. 21 ff.

Als Kurzformel formuliert:

- LQ = LF + LL

Mit anderen Worten:

- Lieferantenqualität ist nicht nur eine Frage der Lieferleistung, obwohl dieser in der Praxis aufgrund der Notwendigkeit, die Versorgung des Unternehmens im operativen Bereich zu sichern, erhöhte Aufmerksamkeit beigemessen wird.
- In der Lieferleistung spiegelt sich die "realisierte" Leistungsfähigkeit wider, die mit der "potenziellen" Leistungsfähigkeit nicht übereinstimmen muss.

Das aber bedeutet für den strategisch orientierten Einkauf, erkennbare negative Abweichungen zwischen der realisierten und potenziellen Leistungsfähigkeit zu analysieren und aufgedeckte Schwachstellen in Zusammenarbeit mit den Lieferanten - möglicherweise unterstützt von der Qualitätssicherung des eigenen Hauses - zu eliminieren.

1.1 Anwendungsbereiche der Lieferantenbewertung und Methoden der Informationsgewinnung

Mit dem Trend zum marktorientierten, strategischen Einkauf ist das Instrument der Lieferantenbewertung - wie in Abb. 2 dargestellt - unter zwei Aspekten zu betrachten:

(1) Als Bewertungssystem zur Auswahl von Lieferanten. Es hat hier die Aufgabe, im Sinne einer Lieferanten- bzw. Potenzialanalyse eine Selektion der Lieferanten unter Berücksichtigung ihrer zukünftigen Leistungsfähigkeit und - beim Wiederholungskauf - der erbrachten Lieferleistungen zu ermöglichen.

(2) Als Bewertungssystem im Sinne einer Lieferantenbeobachtung besteht seine Aufgabe vor allem darin, die Lieferleistung der ausgewählten Lieferanten im Zeitablauf zu überwachen und Veränderungen in der Leistungsfähigkeit frühzeitig zu erkennen.

Wenn Verbesserungspotenziale systematisch erschlossen werden sollen, ist ein häufiger Informationsaustausch (mindestens quartalsweise) zwischen Lieferant und Kunden erforderlich. Abzugleichen sind

- Ist (Ausgangsbasis)
- aktueller Wert (Fortschrittskontrolle)
- Zielvereinbarung (Soll)

Zumindest in langfristigen Verträgen mit Lieferanten können Zielvereinbarungen getroffen werden. Hierzu muss der Lieferant die Vorgehensweise bei der Bewertung kennen und sich hierauf einstellen können.[1]

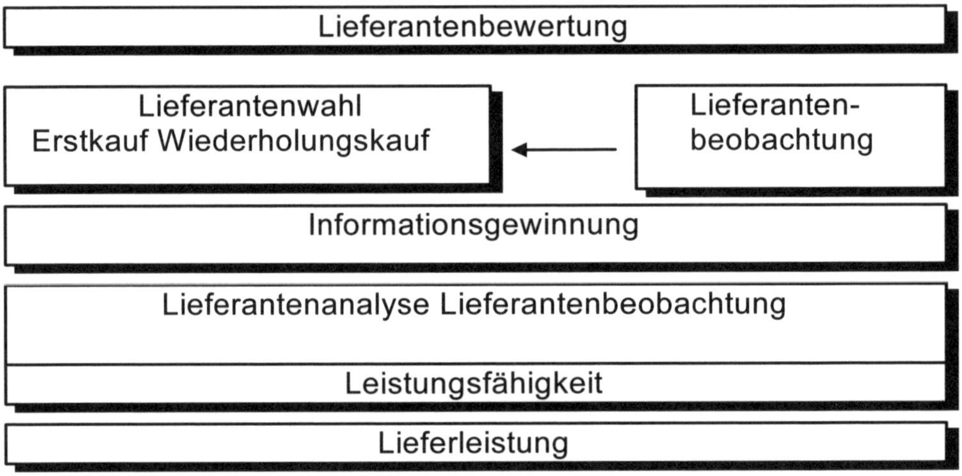

Abbildung 2: Lieferantenanalyse und -beobachtung im System der Lieferantenbewertung

Die klassische Methode der im Rahmen der Lieferantenbewertung erforderlichen Informationsgewinnung ist die Angebotsanalyse. Um die Leistungsfähigkeit eines Anbieters beim Erstkauf beurteilen zu können, sollte jedoch auf eine ganzheitliche, objektive, systematische und kombinierte Angebots- und Lieferantenanalyse zurückgegriffen werden. Im Rahmen der Lieferantenanalyse sind dazu differenzierte Vorabinformationen über die wirtschaftlichen und technischen Ressourcen sowie das ökologische Potenzial des Anbieters zusammenzutragen, aufzubereiten und auszuwerten. Durch diese zielorientierte und detaillierte

[1] Siehe H. Orths, Controlling im Einkauf, in: M. Strub (Hrsg.), Einkaufs- und Bestandsmanagement, Lech 1998, S. 568 sowie - generell dazu - ders., Einkaufscontrolling als Führungsinstrument: Tipps und Tools für den Erfolg, Gernsbach 2003.

Informationsgewinnung und durch den Abgleich mit den standardisierten Anforderungskriterien - vgl. dazu im Einzelnen unter Ziffer 2.1.1 - soll das Risiko von Fehlentscheidungen begrenzt werden.

- Die Lieferantenanalyse gilt demnach der Erforschung der wirtschaftlichen, ökologischen und technischen Leistungsfähigkeit eines Lieferanten zu einem bestimmten Zeitpunkt. Man will mit ihrer Hilfe den Lieferanten in Form einer Momentaufnahme abbilden und die gewonnenen Erkenntnisse für konkrete, strategisch ausgerichtete Maßnahmen verwenden.

Die umfassende Vorabbeurteilung beim Erstkauf oder beim modifizierten Wiederholungskauf ist ein außergewöhnlicher Vorgang und findet in der Regel nur bei sehr wenigen Anbietern bzw. Lieferanten statt.
Mit Hilfe der Lieferantenbeobachtung wird demgegenüber die Entwicklung der **Leistungsfähigkeit** der Lieferanten in der Zeit verfolgt. Dazu ist in erster Linie die Lieferleistung nach Qualität-, Termin- und Mengenzuverlässigkeit sichtbar zu machen. Aber auch Veränderungen in der abgebildeten Momentaufnahme müssen erfasst werden.

- Die Lieferantenbeobachtung baut demnach auf den Ergebnissen einer Lieferantenanalyse auf.

In der praktischen Durchführung der Lieferantenbewertung fließen Analyse und Beobachtung der Lieferanten ineinander und ergänzen sich gegenseitig. Es genügt jedenfalls nicht, wenn der Lieferant nur im Zusammenhang mit dem Erstkauf einer umfassenden Analyse unterzogen wird. Vielmehr sollte diese in periodischen Abständen (z. B. beim wiederholten Auftreten von Leistungsmängeln, vor Vertragsverlängerung oder beim modifizierten Wiederholungskauf) wiederholt werden.

Nur wenige Unternehmen unterziehen wegen des damit verbundenen hohen Aufwandes die umsatzstärksten A-Lieferanten nach Ablauf einer bestimmten Zeit erneut einer eingehenden Lieferantenanalyse durch eine Auditierung "vor Ort". Um so wichtiger ist es in diesen Fällen, dass die anfallenden Informationen aus dem Liefergeschäft im Sinne eines Lieferantencontrolling als Grundlage für die Bewertung herangezogen werden.

- Die Beurteilung der Lieferleistung ist bei vorhandener EDV-Unterstützung fast schon ein routinemäßiger Vorgang.

1.2 Ziele der Lieferantenbewertung

Wie jedes Instrument im Einkauf ist die Lieferantenbewertung an den Zielen "Kostenminimierung" und "Sicherheit in der Versorgung" orientiert. Sie soll über die angestrebte Minimierung der Anschaffungskosten hinaus vor allem helfen, die Risiken, die aktuell und zukünftig aus Lieferbeziehungen herrühren, und die dadurch verursachten Fehlmengen- und Lagerhaltungskosten zu verringern sowie den Prüfaufwand der Wareneingangs- und Qualitätsprüfung zu optimieren. Man kann erwarten, dass sich bei EDV-gestütztem Lieferantencontrolling die Lieferbereitschaft gegenüber dem Betrieb und den Kunden des eigenen Unternehmens verbessert.

Im einzelnen werden mit einer systematisch betriebenen Lieferantenbewertung folgende allgemeine Ziele verfolgt:

- Objektivierung und Optimierung der Lieferantenwahl
- Steuerung der Lieferantenbeziehungen (Sicherung in der Versorgung)
- Entwicklung und Pflege der Lieferantenbeziehungen (Sicherung der Wettbewerbsposition)
- Kontinuierliche Verbesserung der Lieferantenqualität (KVP)
- Optimierung des Lieferantenportfolios
- Schaffung von Problembewusstsein

Das Ziel, subjektive Entscheidungskriterien auszuschließen, steht häufig im Vordergrund eines die Lieferantenwahl unterstützenden Lieferantenbewertungssystems. Doch verändern sich Lieferanten mit der Zeit, insbesondere was die Lieferleistung anbelangt. Deshalb müssen dokumentierte Informationen über die Lieferleistung die Grundlage für den sachlichen Dialog zwischen Einkäufer und Lieferant herstellen.

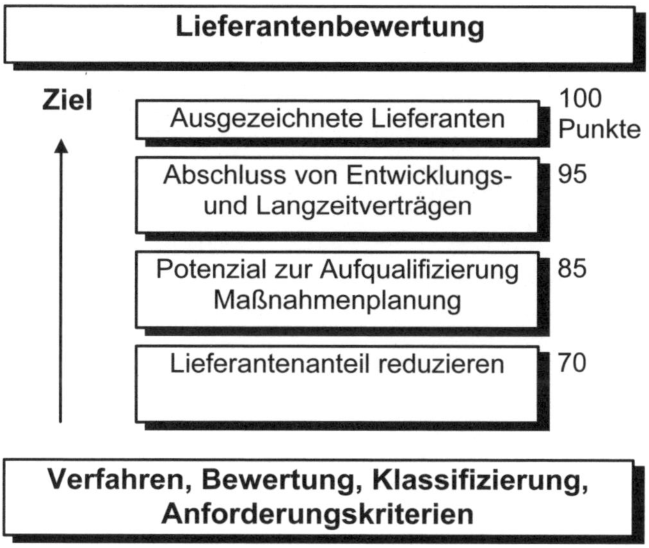

Abbildung 3: "Stufenleiter" der Lieferantenentwicklung

Die Lieferantenbewertung hat aber nicht nur den negativen Aspekt, die "Spreu vom Weizen" zu trennen und ungeeignete Lieferanten aus dem Anbieter- und/-oder Lieferantenkreis zu eliminieren (vgl. Abb. 3). Vielmehr sollten im Rahmen einer gezielten Lieferantenentwicklung[1] auf der Basis der Bewertungsergebnisse die Schwachstellen beim Lieferanten transparent gemacht und diese nach eingehender Analyse in eigener Regie oder durch gezielte Support-Maßnahmen ursächlich beseitigt werden. Sie soll demnach zu erkennen geben, wo und wie im Sinne eines Prozesses des "Never-Ending-Improvement" Lieferanten noch besser werden können.

Dieser Prozess der Lieferantenentwicklung kann sehr langwierig sein. Ihr Schwerpunkt wird in der Regel im Qualitäts- und Produktionsbereich liegen. Letztendlich dient sie der Sicherung der Wettbewerbsfähigkeit beider Partner.

[1] Siehe im Einzelnen H. Hartmann, Lieferantenmanagement, a.a.O., S. 58 ff.

Abbildung 4: Lieferant des Jahres - Supplier-Award

Im Übrigen ist es in einer partnerschaftlichen Geschäftsbeziehung ein Gebot der Fairness und Offenheit, dass die Lieferanten über die Bewertungsergebnisse und ihren „Tabellenplatz“ in festgelegten regelmäßigen Abständen informiert werden. Geheimniskrämerei löst Misstrauen aus, es sei denn, den Lieferanten ist bekannt, das ihnen nur im Negativfall eine entsprechende Mitteilung zugeht.

Als Instrument der Entwicklung und Pflege der Lieferantenbeziehungen kommt der Lieferantenpolitik[1] ein zunehmend höherer Stellenwert zu. Aus diesem Grunde nehmen Unternehmen anhand der Bewertungsergebnisse eine Einstufung der Lieferanten in Leistungskategorien vor. Die Einstufung kann die nachstehenden Konsequenzen zur Folge haben. In der Regel sind es nur wenige Lieferanten, die in die Top-Klassifizierungskategorie eingestuft werden können. Voraussetzung dafür ist ein exzellentes Bewertungsergebnis. Dieses kann - wie der praktische Anwendungsfall unter Beispiel 5 (s. u.) verdeutlicht - in der Weise definiert sein, dass ein ausgezeichneter Lieferant mindestens 95 % der als Maximum festgelegten Gesamtpunktzahl erreichen muss. [2]

Sofern ein „Spitzenplatz" erreicht wurde, kann diese Tatsache dem Lieferanten durch eine Auszeichnung (vgl. Abb. 4) zertifiziert werden.

Die bestmöglich zu erfüllenden Anforderungskriterien sollten sowohl die Leistungsfähigkeit wie auch die Lieferleistung eines Lieferanten widerspiegeln und könnte unter Berücksichtigung des zugrunde liegenden Anforderungsprofils u. a. wie folgt definiert sein:[3]

→ Preispolitik
(Transparenz der Kostenstrukturen, Berücksichtigung von Rationalisierungs- und Lernkurveneffekten)

→ Logistik
(Absolute Liefertreue und Lieferfähigkeit, kurze Reaktions- und Fertigungsdurchlaufzeit)

→ Systemfähigkeit / Integrationsfähigkeit
(Fähigkeit eines Lieferanten, komplette Subsysteme/Module inkl. Konstruktion anbieten zu können, Managementfähigkeit komplexer Aufgaben und Prozesse)

---

1 Siehe vom Verf., Materialwirtschaft: Organisation, Planung, Durchführung, Kontrolle, 8. Auflage, Gernsbach 2002, S. 204 ff.

2 Zugrunde gelegt wird hier das Punktebewertungsverfahren, das unter Punkt 4.2 näher erläutert wird. Die "Grenzwerte" liegen in der Praxis in dem hier angenommenen Bereich.

3 Die in den folgenden Abschnitten aufgenommenen Übersichten, Checklisten und Praxisbeispiele lassen erkennen, dass außer den Hauptkriterien Preis(politik), Logistik und Qualitäts(fähigkeit) eine Vielzahl weiterer Anforderungskriterien in der Praxis anzutreffen sind.

→ Qualität
(Prozessbeherrschung, Beanstandungsquote)

→ Innovationsfähigkeit
(Technologische Spitzenposition, e-business Fähigkeit)

→ Anpassungsfähigkeit
(Fähigkeit, sich schnell auf neue Situationen einzustellen)

→ Finanzstärke
(Fähigkeit zur Selbstfinanzierung von Entwicklungsprogrammen)

Ein ausgezeichneter Lieferant ist auf hohem Niveau qualifiziert. In allen Bereichen erbringt er Spitzenleistungen, alle „Hürden" hat er souverän gemeistert!

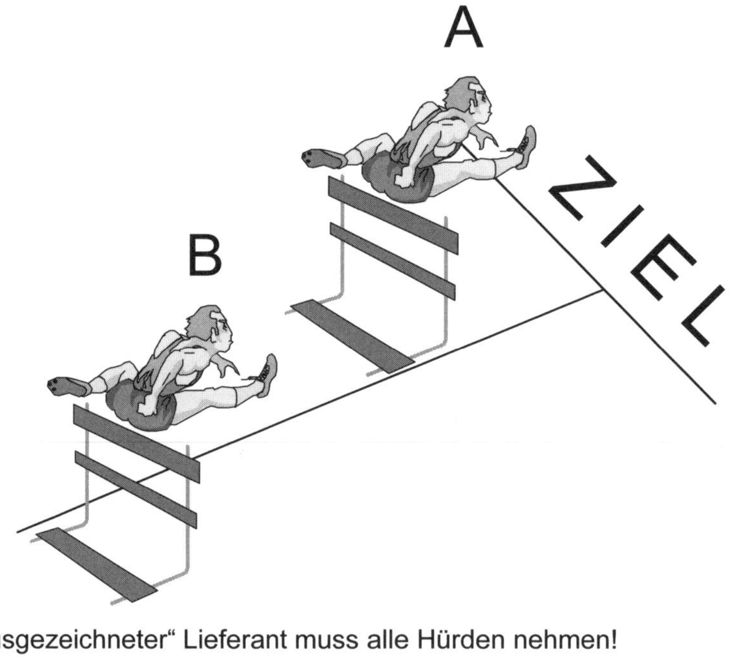

Ein „ausgezeichneter" Lieferant muss alle Hürden nehmen!

Ein ausgezeichneter Lieferant ist aus Sicht des Kunden ein potenzieller Kooperations- und Entwicklungspartner. Sofern als „bevorzugt" oder „geeignet" eingestufte Lieferanten für den Kunden z. B. aufgrund ihres Umsatzanteils von strategischer Bedeutung sind, können diese für eine gezielte und kooperativ angelegte Lieferantenentwicklung in Betracht gezogen werden. Nach eingehender Stärke-Schwächen-Analyse können Verbesserungspotenziale identifiziert und durch gezielte Maßnahmen in ihrer Auswirkung zumindest verringert werden. Ein zielführendes Lieferantencontrolling ist in diesem Zusammenhang ein adäquates Instrument zur Steuerung eines kontinuierlichen Verbesserungsprozesses.[1]

Nun wird bei dem Wort Lieferantenbewertung vorwiegend daran gedacht, dass dieses Instrument ausschließlich zur Beurteilung der Lieferanten bestimmt ist. Doch gibt der Dialog mit dem Lieferanten über die Bewertung auch dem Abnehmer die Chance, die Schwachstellen in der Zusammenarbeit mit den Lieferanten zu erkennen. Auch ist ihm dadurch die Möglichkeit gegeben, festzustellen, wo sein Verbesserungspotenzial liegt. So können dem Lieferanten Risiken nicht angelastet werden, wenn häufig Bestelländerungen erfolgten, Material-/Spezifikations-Toleranzen zu eng oder Termine überkritisch waren oder Beschaffungszeiten nicht gepflegt werden.

- Die Lieferantenbewertung schafft damit Problembewußtsein auf beiden Seiten und ist kein Schüler-Lehrer-Spiel!

Ein Lieferantenbewertungssystem wird mit Vorteil als Instrument einer kooperativen Lieferantenpolitik eingesetzt, bei der der Abnehmer den Anpassungs- und Korrekturbedarf feststellt und dem Lieferanten im Sinne eines Technologietransfers zur Verfügung stellt.

1.3 Nutzen der Lieferantenbewertung

Der Nutzen eines beschaffungspolitischen Programms, das sich an den Ergebnissen der Lieferantenbewertung orientiert, ist kaum zu quantifizieren. Doch können sich für den Abnehmer und Lieferanten wesentliche ertragswirksame Vorteile ergeben, wenn ein hoher Leistungsgrad erreicht und auf Dauer sichergestellt ist. Als Vorteile sind u. a. zu nennen:

Für den **Abnehmer**:
- Verringerung der Lagerhaltung (Reduzierung der Sicherheitsbestände)
- Straffung/Reduzierung der Wareneingangsprüfung
- Direktlieferung der Teile in die Produktion
- Reduzierung der Anzahl der Lieferanten und damit des logistischen Aufwandes
- Risikoverminderung

---

[1] Ausführlich dazu vom Verf., Lieferantenmanagement, a.a.O., S. 58 ff. und 93 ff.

Für den **Lieferanten**:

- Kosteneinsparung durch Fehlerverhütung
- Ausweitung des Auftragsvolumens (durch Reduzierung der Lieferanten auf die wirklich leistungsfähigsten)
- Sicherung des Absatzvolumens über einen längeren Zeitraum durch längerfristige Verträge
- Kostensenkung durch längerfristige Personal- und Fertigungsplanung
- Bessere Beschaffungsplanung durch längere Verträge
- Know-how-Austausch bzw. Mitwirkung im "Club der Besten"

Diese Vorteile schlagen sich letztendlich für beide Partner in einer Verbesserung der Wettbewerbsfähigkeit nieder.

Darüber hinaus bauen im Rahmen eines professionell verfolgten Lieferantenmanagement die Lieferantenentwicklung und -integration auf den Ergebnissen der Lieferantenbewertung auf.[1] Mit anderen Worten:

> Jede Lieferantenbewertung sollte innerhalb des bewertenden Unternehmens und vor allem gegenüber den Lieferanten mit Konsequenzen verbunden sein.

Oberstes Ziel ist es dabei, die Wertschöpfungskette gesamthaft zu optimieren, um kosteneffektive kundenorientierte Lösungen zu realisieren. Gleichzeitig wird durch gezielte Vorgehensweise - durch ein zielführendes Einkaufs- bzw. Lieferantencontrolling[2] eine Verbesserung der Wettbewerbsfähigkeit erreicht, da Schwächen in der Zusammenarbeit identifiziert und beseitigt und Stärken der Lieferanten erkannt und genutzt werden können.

---

[1] Siehe H. Hartmann, Lieferantenmanagement, a.a.O., S.

[2] Beispiele dazu sind nachzulesen in H. Orths, Einkaufscontrolling als Führungsinstrument, a.a.O.

2 Projektorganisation, -ablauf und -umfang

Horst Hartmann

2.1 Projektteam

Auch wenn häufig - vor allem in kleineren mittelständischen Unternehmen - in erster Linie sich der Einkauf mit dem Aufbau und der Weiterentwicklung eines Lieferantenbewertungssystems (LBS) zu befassen hat, so ist diese Aufgabenstellung doch derartig komplex, funktionsübergreifend und zeitraubend, dass sich die Benennung eines Projektteams anbietet. In dieses sollten Funktionsträger einbezogen werden, die Entscheidungen im Rahmen des Lieferantenauswahl- und Qualifizierungsprozesses mit zu verantworten haben. Im Kernteam sollten daher vor allem je nach Organisationsform folgende Funktionen vertreten sein:

- Einkauf (strategischer Einkauf)
- Disposition (Beschaffungslogistik)
- Qualitätssicherung

Darüber hinaus sind fallweise die Werksleitung (Produktion/Technik), die Entwicklung, das Controlling und die Organisation/EDV hinzuzuziehen.

Die Teammitglieder sollten von der Geschäftsführung benannt, der Projektauftrag klar definiert werden.

Mit der Einrichtung eines Projektteams ist weitgehend sichergestellt, dass funktionsübergreifend

- ■ alle Erkenntnisse und Erfahrungen erfasst und verarbeitet,
- ■ konfliktäre Interessen und Zielvorstellungen (Schnittstellenproblematik) harmonisiert und
- ■ die sich aus der Arbeit mit dem System ergebenden Aktivitäten akzeptiert werden, zumal sich in der Regel aus dem Projektteam das Beurteilungsteam rekrutiert.

Aus der Beantwortung nachfolgender Fragestellungen, die in der Checkliste einer Zertifizierungsgesellschaft enthalten sind, kann im Wesentlichen der Projektumfang abgeleitet werden. Die Fragestellungen lauten:

→ Besteht ein System zur Auswahl qualifizierter Lieferanten und sind die Kriterien hierfür eindeutig festgelegt?
→ Besteht ein System zur Beurteilung[1] von Lieferanten
  - *vor* der Auswahl und
  - *während* der Lieferungen?
→ Werden die Aufzeichnungen hierbei
  - zweckmäßig aufbewahrt und
  - ständig aktualisiert?
→ Besteht ein Einstufungssystem, in dem
  - zugelassene Lieferanten und
  - wichtige Lieferanten erkennbar sind?

Der anzustrebende Projektumfang ist damit recht eindeutig beschrieben: Das Lieferantenbewertungssystem sollte *ganzheitlich* konzipiert sein und - wie bereits unter Ziffer 1.1 skizziert - folgende Subsysteme (Module) umfassen:[2]

■ **Modul I:**
Bewertung der Lieferleistung, die regelmäßig mit jedem Wareneingang erfolgt (*Ergebnisanalyse*)

■ **Modul II:**
Bewertung der Leistungsfähigkeit, die fallweise vor Auftragsvergabe, periodisch (z. B. bei A-Lieferanten jährlich) oder aperiodisch (z. B. situationsbedingt bei Produktionsverlagerung des Lieferanten ins Ausland) erfolgt.

Das vom Projektteam zu entwickelnde oder zu verbessernde LBS sollte vor allem durch folgende Erfolgsfaktoren gekennzeichnet sein:

- „Schlank" entsprechend dem Motto „keep it simple"
- Flexibel durch Beachtung produktspezifischer oder situationsbedingter Unterschiede
- Reaktionsfähig durch Festlegung entsprechender Toleranzgrenzen und Bewertungsregeln sowie durch gezielte Datenerfassung und -verarbeitung
- Intelligent durch Einsatz moderner Informations- und Kommunikationssysteme einschließlich leistungsfähiger Hard- und Software

---

[1] Die Begriffe Lieferantenbeurteilung und -bewertung werden in dieser Arbeit als Synonyme betrachtet.

[2] Die Benennung und Behandlung der Module unter Ziffer 2.3 erfolgt aus Praktikabilitätsgründen in umgekehrter Reihenfolge.

Vor diesem Hintergrund sollte das Projektteam vor dem Beginn mit der eigentlichen Projektarbeit - also gewissermaßen im Vorfeld - u. a. hinsichtlich folgender Fragestellungen eine Klärung herbeiführen:

→ Wie ist der Ist-Zustand des LBS im eigenen Unternehmen zu beurteilen? Sind spezifische Schwachstellen auszumachen?
→ Welche Lieferanten sollten in das LBS einbezogen werden (nach Wertgrenzen, strategischer Bedeutung, Produktgruppen etc.)?
→ Welche Produktgruppen und/oder Dienstleistungen sollten erfasst werden (C-Teile, Nicht-Produktionsmaterial, Reparaturleistungen etc.)?
→ Welche Einkaufs- und Logistikstrategien sollen in Zukunft verstärkt verfolgt werden (Lieferantenentwicklung und -integration, JiT-Anlieferungen etc.)?
→ Welche personellen, sachlichen und finanziellen Ressourcen stehen zur Verfügung?
→ ...

2.2 Projektablauf

Obwohl es kein allgemein gültiges System der Lieferantenbewertung gibt - jedes Unternehmen hat u. a. seine eigenen beschaffungspolitischen Zielsetzungen, aus denen Anforderungskriterien und Gewichtungen abzuleiten sind -, sollten doch im Rahmen der Projektbearbeitung die in Abbildung 5 aufgelisteten Ablaufschritte eingehalten und die erforderlichen Festlegungen unter Beachtung der erwähnten Erfolgsfaktoren eines leistungsfähigen LBS getroffen werden. Das gilt umso mehr, da die Gestaltungsmöglichkeiten in jedem Punkt schier unendlich sind. In jedem Fall sollte sichergestellt werden, dass der letztendlich standardisierte Bewertungsprozess eine nachvollziehbare Einstufung / Klassifizierung der Lieferanten gewährleistet.

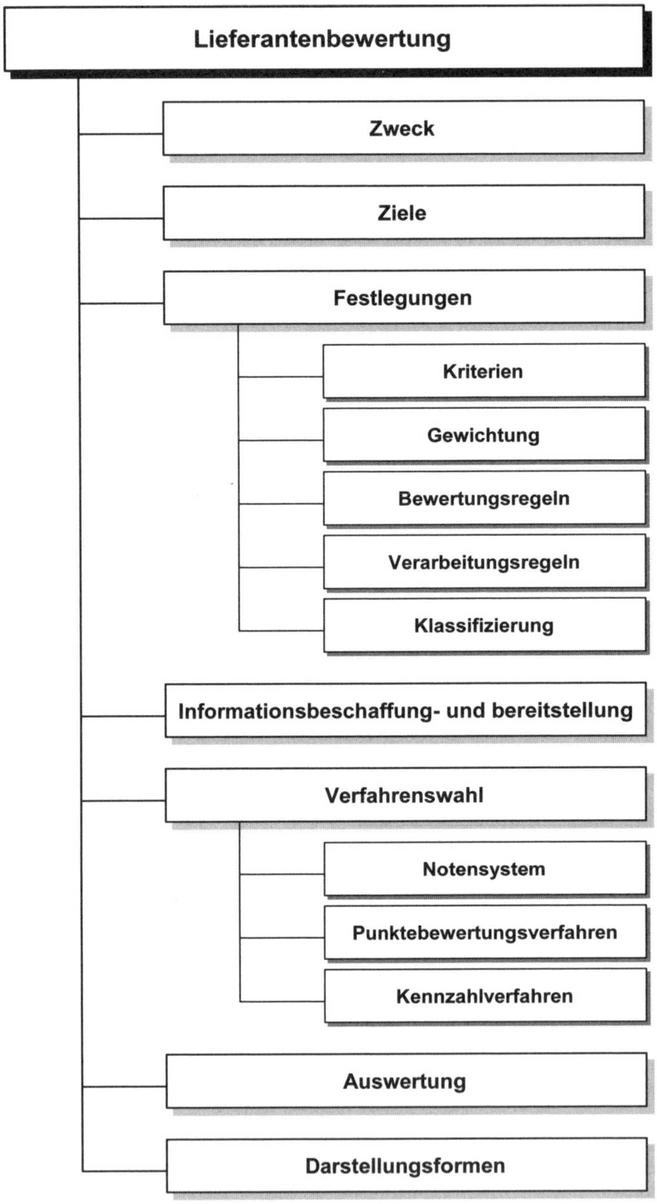

Abbildung 5: Bausteine eines Lieferantenbewertungssystems

2.2.1 Festlegung der Anforderungskriterien

Die Anzahl möglicher Anforderungs- bzw. Auswahlkriterien[1] ist überaus groß, und die Forderung, möglichst viele Indikatoren zu berücksichtigen, erscheint auf den ersten Blick überaus einleuchtend. Zwingend ist dieses Vorgehen jedoch nicht. Wegen des steigenden Informationsbedarfs können nicht alle Faktoren erfasst und gemessen werden.

> Dem scheinbaren Vorteil, durch einen Mehrfaktorenkatalog die Aussagefähigkeit zu erhöhen, steht der Nachteil entgegen, dass wegen der steigenden Informations-, Mess- und Bewertungsprobleme eine höhere Qualität der Bewertungsergebnisse nicht unbedingt zu erwarten ist.

Eine ausufernde Kriterienzahl verschärft auch das Problem der inhaltlichen Abgrenzung. Außerdem besteht bei qualitativen Indikatoren die Gefahr, dass Wunschvorstellungen vermehrt in die Bewertung einfließen.

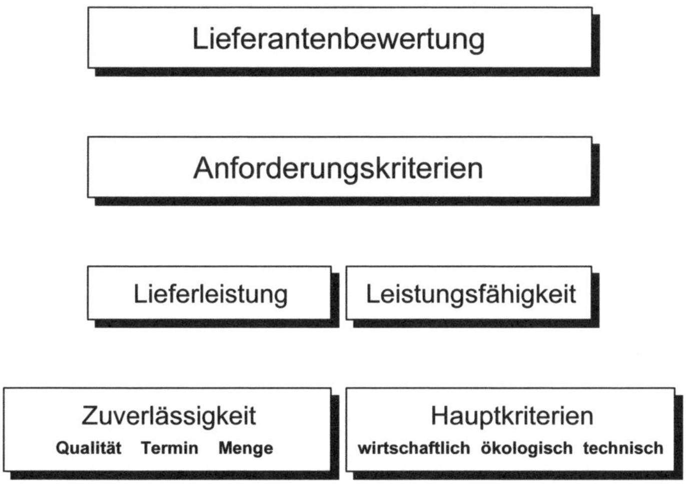

Abbildung 6: Kriterien zur Bewertung der Lieferleistung und Leistungsfähigkeit - ein Schema

---

[1] Durch den hier in der Regel verwendeten Begriff Anforderungskriterien soll zum Ausdruck gebracht werden, dass diese Eingangsgrößen für das Bewertungssystem als Vorgaben zu verstehen sind, die letztendlich auf den Zielen der Unternehmenspolitik beruhen.

Wie ist nun im Hinblick auf die Module I (Ergebnisanalyse) und II (Potenzialanalyse) ein Kriterien-Optimum zu bestimmen? Auf der Basis des modularisierten Aufbaus des LBS bietet sich folgende - in Abbildung 6 schematisch dargestellte - Vorgehensweise an:

■ Modul I:
Bei der Bewertung der Lieferleistung werden in der Regel die Qualität der Serie sowie die Termin- und Mengenzuverlässigkeit betrachtet (vgl. Abbildung 6). Diese Indikatoren sind wie folgt kurz zu beschreiben:

Qualität: Mit diesem Kriterium wird die Qualität der von einem Lieferanten gelieferten Materialien beurteilt. Die Bewertung findet beim Wareneingang statt.

Terminzuverlässigkeit: Mit diesem Kriterium wird beurteilt, wie genau der Lieferant die vereinbarten Liefertermine einhält, wobei eine Karenzzeit festgelegt sein kann.

Mengentreue: Mit diesem Kriterium werden die Mengenabweichungen zu der bestellten (abgerufenen) Menge, die über eine Karenzmenge hinausgehen, bewertet.

Diese Indikatoren sind quantifizierbar und daher automatisch (systemgestützt) messbar. Die erkennbaren und bewerteten Sachverhalte lassen sich spezifischen Ereignissen (Wareneingängen) eindeutig zuordnen und sind daher nachprüfbar.

Es empfiehlt sich,

> die von den Lieferanten erbrachte Lieferleistung ausschließlich auf der Grundlage der erwähnten Zuverlässigkeitskriterien zu bewerten und die Bewertungsergebnisse nicht durch die Einbeziehung anderer Indikatoren (z.B. Preisverhalten, Kommunikationsfähigkeit etc.) zu verwischen oder gar zu manipulieren.

■ Modul II:
Auch wenn davon auszugehen ist, dass sich in der Lieferleistung die Leistungsfähigkeit eines Lieferanten widerspiegelt, so ist damit nur der Ist-Zustand erfasst. Um sich ein Urteil zu bilden, ob die Unternehmenspotenziale eine längerfristig positive Entwicklung des Lieferanten erwarten lassen, sind Anforderungskrite-

rien zu definieren, die die wirtschaftliche, technische und ökologische Leistungsfähigkeit eines Lieferanten charakterisieren (vgl. Abbildung 6). Dabei sollte grundsätzlich von folgenden Fragestellungen ausgegangen werden, die vom Projektteam bereits im Vorfeld geklärt werden sollten:

→ Welche Anforderungen der Kunden sind verstärkt in Zukunft zu erwarten (z. B. Flexibilität, Service etc.)?
→ Wie sollten im Rahmen der Unternehmenspolitik Einkauf und Logistik in Zukunft strategisch ausgerichtet sein (z.B. Internationalisierung des Einkaufs, Zusammenarbeit mit Lieferanten, Just-in-Time-Anlieferungen etc.)?
→ In welchem Umfang stehen personelle, sachliche und finanzielle Ressourcen zur Durchführung der Bewertung vor Ort zur Verfügung?

Vor dem Hintergrund dieser Erwägungen sind die Anforderungskriterien zu definieren. In der praktischen Umsetzung erweist es sich dabei als sinnvoll, sich auf eine geringe Anzahl von Hauptkriterien zu beschränken, die durch Teilkriterien (Elemente) näher beschrieben werden.

Grundsätzlich ist demnach zu entscheiden,

- welche und wie viele Hauptkriterien für die Bewertung der Leistungsfähigkeit der Hauptlieferanten zugrunde gelegt werden sollen,
- durch welche Teilkriterien (Elemente) die Hauptkriterien jeweils beschrieben werden sollen und
- inwieweit diese lieferanten- und/oder produktgruppenspezifisch definiert werden müssen,
- auf welche beschaffungspolitisch wesentlichen Faktorgruppen (Haupt- und Teilkriterien) sich aus wirtschaftlichen Gründen die Bewertungssystematik beschränken sollte.

Allerdings zeigen die Erfahrungen, dass an dieser Stelle der Kreativität der Teammitglieder nur schwerlich Einhalt zu bieten ist. In einem solchen Fall erweist es sich als zweckmäßig, den Auswahlprozess schrittweise in etwa wie folgt zu vollziehen:

1) Kommentarlose Niederschrift aller von den Teammitgliedern genannten Kriterien auf einem Flip-Chart.
2) Sortierung der Kriterien nach „wichtig“, „weniger wichtig“ und „überhaupt nicht wichtig“, wobei die Zuordnung der Kriterien zu einer der drei Gruppen im We-

sentlichen dadurch bestimmt sein sollte, ob diese unter beschaffungspolitischen und -strategischen Gesichtspunkten eine Kernaussage ermöglichen.

3) Auswahl und Festlegung der Hauptkriterien aus der Gruppe der „wichtigen" Kriterien.
4) Auswahl, Festlegung und Zuordnung relevanter Teilkriterien, die aus der Gruppe der „weniger wichtigen" Kriterien als beschreibende Elemente in Betracht kommen.

> Angemessen und durchaus praxisgerecht erscheint eine Konzentration auf in etwa fünf bis sechs Faktorgruppen.[1]

Die in Abbildung 7 zusammengestellte Faktor- bzw. Kriterienblöcke sind nur als Orientierungshilfe zu verstehen, obwohl sie - allerdings in reduziertem Umfang - in der Praxis auftauchen. Gleichwohl muss betont werden, dass die Zusammensetzung der Kriterienblöcke grundsätzlich frei wählbar ist.

Darüber hinaus können alternativ zu den in Abbildung 7 aufgelisteten Hauptkriterien als solche beispielsweise

- Wirtschaftlichkeit,
- Versorgungssicherheit,
- Technik (Technisches Know-how)

benannt und durch relevante Elemente beschrieben werden. Tendenziell lassen insbesondere diese Kriterien neben Service, Bonität und Ökologie eine eindeutige Aussage über die zukunftsweisende Leistungsfähigkeit der zu beurteilenden Lieferanten zu.

Es ist noch anzumerken, dass den Hauptkriterien möglichst stets die gleiche Anzahl von Teilkriterien zugeordnet werden sollte, um den Anschein einer unterschiedlichen (indirekten) Gewichtung dieser Kriterien zu vermeiden. (So ist nicht zu übersehen, dass bei Festlegung auf 5 Teilkriterien auf jedes Kriterium (indirekt) ein Gewicht von 1/5 entfällt, während bei einer Entscheidung für z. B. sechs Teilkriterien jedes Kriterium nur zu 1/6 in die Bewertung einfließt !)

---

[1] Vgl. W. Muschinski, Lieferantenbewertung in Deutschland, in: Beschaffung aktuell, Nr. 9, Leinfelden 1998, S. 50. - Der Beitrag basiert auf einer empirischen Untersuchung, bei der ca. 800 Unternehmen aus dem Verarbeitenden Gewerbe und Handel in Deutschland befragt wurden.

Darüber hinaus kann es sich durchaus als sinnvoll erweisen, Risikobereiche wie Versorgungs-, Lieferanten- und Insolvenz/ -Finanzrisiken aufgrund des Gefährdungspotenzials losgelöst von der Bewertungssystematik gesondert zu erfassen und deren Eintrittswahrscheinlichkeit und Wirkungsgrad zu bewerten.[1)]

1 Preis/Gesamtkosten

1.1 Preisniveau
1.2 Preisstabilität
1.3 Kostentransparenz
1.4 Verhandlungsbereitschaft
1.5 Rücknahme der Verpackung
1.6 Werkzeugkosten
1.7 Zahlungsbedingungen

2 Bonität - Finanzkraft

2.1 Kapitalausstattung
2.2 Liquidität
2.3 Erfüllung eigener Verbindlichkeiten
2.4 Ertragskraft - Cash Flow
2.5 Umsatz
2.6 Unabhängigkeit
2.7 Gesellschaftsform
2.8 Haftung
2.9 Image - Marktstellung
2.10 Kompetenz (Management)

3 Standort

3.1 Transportdauer und - kosten
3.2 Verkehrsanbindung - Risiken
3.3 Sprache
3.4 Rechtsordnung
3.5 Geographische Lage
3.6 Mentalität
3.7 Gerichtsstand
3.8 Umweltschutzauflagen

4 Unternehmenspolitische Faktoren

4.1 Konzernpolitik
4.2 Personelle Verflechtung
4.3 Joint Ventures - gemeinsame Beteiligung
4.4 Quoten
4.5 Gegengeschäfte
4.6 Langfristigkeit
4.7 Umweltschutz

5 Termintreue

5.1 Angebotsabgabe
5.2 Erstmuster - Termine
5.3 Vor-/Nullserientermine
5.4 Technische Änderungen
5.5 Sonderaktionen
5.6 Reklamationsbearbeitung

6 Kommunikation

6.1 Einhaltung von Zusagen
6.2 Verhalten bei Verhandlungen
6.3 Vorabinformation bei Störungen
6.4 Eskalation
6.5 Vertrauenswürdigkeit
6.6 Offenheit

7 Kapazität

7.1 Anzahl Mitarbeiter
7.2 Maschinenpark
7.3 Lagerkapazität
7.4 Marktanteil
7.5 Auslastung
7.6 Elastizität (mehrere Schichten)
7.7 Vertriebslogistik

---

[1] Siehe im Einzelnen H. Hartmann: Modernes Einkaufsmanagement, Gernsbach 2007, S.91 ff.

8 Service

8.1 Beratung
8.2 Kundendienst
8.3 Kulanz
8.4 Schnelle Bearbeitung
8.5 Schnelle Reaktion
8.6 Gründlichkeit
8.7 Muster
8.8 Außendienst
8.9 Schulung
8.10 Problemlösung, auch ökologisch
8.11 EDV-Anbindung

9 Flexibilität

9.1 Schnellschüsse
9.2 Sonderaufträge
9.3 Volumensteigerungen
9.4 Kapazitätsanpassungen
9.5 Änderungen
9.6 Just-in-Time-Bereitschaft
9.7 Bereitschaft zur Konsignation
9.8 Lernbereitschaft (Never Ending Improvement)

10 Entwicklungspotential

10.1 Innovations-, Risiko-, Investitionsbereitschaft
10.2 Trendfeeling
10.3 Innovationsrate (Freudigkeit)
10.4 Marktwissen (Marktforschung)
10.5 Grundlagenforschung
10.6 Produktmanagement
10.7 Problemlöser, auch ökologisch
10.8 Wertanalyse

11 Qualitätsfähigkeit

11.1 Qualitätssicherungssystem
11.2 Qualitätssicherung in der Entwicklung
11.3 Qualitätssicherung in der Produktionsvorbereitung
11.4 Qualitätssicherung während der Fertigung
11.5 Prüfmittelüberwachung
11.6 Qualitätsabsicherung bei Transport, Verpackung und Versand
11.7 Qualitätsdokumentation und QS-Dokumentation
11.8 Qualitätsabsicherung bei der Materialversorgung
11.9 Sicherheitsmaßnahmen bei Gefahrengut

12 Know-how

12.1 Material
12.2 Verfahren
12.3 Problemlösung
12.4 Kreativität
12.5 Schutzrechte
12.6 Patente
12.7 Umwelt

13 Umweltschutz

13.1 Produkt
13.2 Produktionsverfahren
13.3 Verpackung
13.4 Lieferant - U.-politik
13.5 WE-Prüfung

Abbildung 7: Anforderungskriterien zur Bewertung der Leistungsfähigkeit - Haupt- und Teilkriterien

2.2.2 Festlegung der Gewichtungsfaktoren

Mit der Festlegung der anzuwendenden Anforderungskriterien ist die Problematik ihrer speziellen Differenzierung eng verbunden. Die Schwierigkeit wird durch die Tatsache ausgelöst, dass aus Gründen einer einheitlichen Lieferantenpolitik in der Regel die gleichen Indikatoren für alle Bedarfsfälle zur Anwendung kommen. Es ist aber leicht einzusehen, dass beispielsweise der Faktor Terminzuverlässigkeit in seiner Bedeutung erheblich von der jeweiligen Konjunkturlage auf den Beschaffungsteilmärkten abhängig ist. Auch kann je nach Beschaffungsobjekt die Qualitätszuverlässigkeit entscheidender sein als die Termintreue. Vor allem sind auch die Hauptkriterien und die diesen zugeordneten Teilkriterien, die ein Hauptkriterium beschreiben, in ihrer Bedeutung unterschiedlich einzuschätzen. Diese Beispiele zeigen, dass eine gleichgewichtige Benutzung der Faktoren problematisch ist.

Deshalb ist man in der Praxis dazu übergegangen, die festgelegten Anforderungskriterien zu gewichten, etwa dadurch, dass man diesen der eingeschätzten Bedeutung entsprechend Gewichtungsfaktoren als Multiplikator (GF) oder Prozentsatz (GP) zuordnet.

Beispiel 1: Festlegung der Gewichtungsfaktoren/-prozentsätze
Ein Lieferant hat jeweils die Note 2 für die Kriterien Qualität und Terminzuverlässigkeit erhalten. Da die Qualität des Materials für den Kunden (Abnehmer) wesentlich wichtiger ist als die Terminzuverlässigkeit, ordnet dieser dem Kriterium Qualität den Gewichtungsprozentsatz 50 % zu, dem Kriterium Terminzuverlässigkeit den Gewichtungsprozentsatz 25 %. Dadurch zählt die Note 2 für die Qualität bei der Berechnung der Gesamtnote doppelt so viel wie die Note 2 für die Terminzuverlässigkeit.

Auch wenn die Gewichtungsfaktoren/-prozentsätze grundsätzlich frei wählbar sind, so sollte die Abstufung doch eindeutig sein (z.B. dadurch, dass Unterschiede in der Bedeutung durch ein mehrfaches des Basis-Gewichtungsfaktors 5 zum Ausdruck gebracht werden). In der Summe müssen die Faktoren immer 100 oder die Prozentsätze immer 100 % ergeben.[1]

---

[1] Je nach Gewichtungssystematik sind in der Praxis auch Gewichtungsfaktoren zwischen 0 und 1 anzutreffen.

Wie ist nun im Einzelfall vorzugehen?
Sofern das Projektteam dem modularen Aufbau des Lieferantenbewertungssystems folgt, sollte auch die Gewichtungsproblematik wie folgt einer Lösung zugeführt werden:

■Modul I Gewichtung der Zuverlässigkeitskriterien

Im Allgemeinen ist eine höhere Qualität des Bewertungsergebnisses nicht zu erwarten, wenn die Zuverlässigkeitskriterien gewichtet werden.

- Unternehmenspolitisch kann es kaum als sinnvoll angesehen werden, wenn im Zeichen eines umfassenden Qualitäts- und Bestandsmanagement hier eine Differenzierung erfolgt. Der Einfluss der Zuverlässigkeitskriterien hinsichtlich Kostenminimierung, Kapitalbindung etc. (s. o.) ist vergleichbar ausgeprägt.

Darüber hinaus ist mit einer Gewichtung auch ein Verlust an Transparenz verbunden. Unterschiede in der Gewichtung der Zuverlässigkeitskriterien sind häufig rational nicht zu begründen und daher auch gegenüber den Lieferanten kaum zu erklären. Im Allgemeinen sollte daher nach folgender Regel verfahren werden:

- Die Bewertung der Lieferleistung ist nach Möglichkeit „gewichtsneutral“ vorzunehmen.

- Gewinnt ein Kriterium absolute Priorität, so ist dieses als K.-o.-Kriterium zu definieren, das heißt, der Lieferant scheidet bei Nichterfüllung dieses Kriteriums aus dem Anbieter- oder Lieferantenkreis automatisch aus.

■Modul II Gewichtung der Potenzialkriterien

Bei den weitgehend nicht quantifizierbaren Faktoren zur Bewertung der Leistungsfähigkeit ist aufgrund der bestehenden Streubreite eine Nivellierung nicht gerechtfertigt.

In diesem Zusammenhang stellt sich die Frage, nach welchen Gesichtspunkten die Differenzierungen vorzunehmen sind, da eine unsystematische Vergabe der

Gewichtungen den subjektiven Ermessungsspielraum zu stark ausweiten würde. Als wesentliche Gesichtspunkte kommen hier in Frage:

- Kostenminimierung
- Kapitalbindung
- Umsatzwachstum
- Sicherheit in der Versorgung

Im konkreten Anwendungsfall müsste sich das Team beispielsweise dahingehend entscheiden, ob die Flexibilität oder die Kommunikationsfähigkeit eines Lieferanten von gleichrangiger oder unterschiedlicher Bedeutung für die Versorgungssicherheit des Unternehmens sind und inwieweit die Bonität (Finanzkraft) eines Lieferanten darauf unmittelbar Einfluss nehmen kann. Die Abschätzung der unterschiedlichen Auswirkungen dieser Kriterien auf die Versorgungssicherheit bestimmt die Abstufung bei der Festlegung der Gewichtungsfaktoren / -prozentsätze.

> Im Übrigen bleibt die Gewichtung immer problematisch, da sie aufgrund der sich verändernden internen und externen Rahmenbedingungen nicht auf Dauer angelegt sein kann und stets die Gefahr einer Scheingenauigkeit in sich birgt.

2.2.3 Festlegung der Bewertungsregeln

Um sicherzustellen, dass stets nach den gleichen Bewertungsregeln verfahren und damit eine Vergleichbarkeit der Bewertungsergebnisse gewährleistet wird, ist eine eindeutige Antwort auf die Fragen zu finden:

→ Wie sind Unterschiede im Erfüllungsgrad der Anforderungskriterien zu definieren und zu bewerten?
→ Wie ausgeprägt sollte die Skalierung (z. B. Dreier- oder Fünferskalierung) aufgebaut sein?
→ Welche Sonderfälle sollten beachtet werden?

Die Bewertungspraxis hängt in erster Linie davon ab, ob es sich um quantifizierbare (messbare) oder nicht quantifizierbare (qualitative) Anforderungskriterien handelt.

Bei quantifizierbaren Anforderungskriterien kann das Ausmaß des Fehlers bzw. die Größe der Abweichung vom Soll-Wert - beispielsweise bei der Qualitäts-, Termin- und Mengenabweichung - Grundlage einer abgestuften Bewertung sein. Das nachfolgende Praxisbeispiel veranschaulicht diese Bewertungssystematik.

Beispiel 2: Bewertungsregeln für die Terminzuverlässigkeit
In einem mittelständischen Unternehmen wird die Abweichung zwischen vereinbartem und tatsächlichem Liefertermin in Tagen berechnet und wie folgt klassifiziert:

	Punkte
> + 7 Tage	0
+ 7 ... + 4 Tage	50
+ 3 ... - 3 Tage	100
- 4 ... - 7 Tage	50
> - 7 Tage	0

Die Berechnung der Abweichungen und die Vergabe der Punktzahlen entsprechend dem erreichten Zuverlässigkeitsgrad erfolgt per EDV automatisch bei jedem Wareneingang.

Auch im Rahmen der Potenzialanalyse erleichtert die Bewertung des Lieferanten auf der Basis von Punkten oder Noten die Auswertung, da die zumeist nicht quantifizierbaren Kriterien (z.B. Know-how, Service und Zusammenarbeit etc.) auf diese Weise gleichnamig gemacht werden. Die verschiedenen Bewertungsergebnisse können somit zu einer Gesamtbewertung aufaddiert werden. In jedem Fall ist zu empfehlen, dass

- die Bewertung der Teilkriterien, aus der sich die Bewertung des jeweils übergeordneten Hauptkriteriums als Mittelwert ergibt, auf der Basis des Erfüllungsgrades der Kundenanforderungen - der Anforderungen des eigenen Unternehmens an die Lieferanten - erfolgen sollte,
- nur wenige Bewertungsstufen vorgesehen werden und
- die Vorgehensweise festgeschrieben wird.

Sofern es zweckmäßig erscheint, kann für jedes Kriterium ein Mindesterfüllungsgrad vorgeschrieben werden.

Die Angabe von Punkten oder Noten je Anforderungskriterium und Lieferant erleichtert auch die Darstellung der Leistungsunterschiede zwischen Lieferanten und damit die Lieferantenauswahl und -entwicklung. Eine ausschließlich verbale Bewertung engt diese Möglichkeiten entscheidend ein.

Bei einer Bewertung nach Punkten oder Noten von nicht quantifizierbaren Anforderungskriterien sollte jedoch nicht übersehen werden, dass die Einstufung durch Schätzung erfolgt und die Beurteilung manipulierbar bleibt.

Durch vorformulierte Fragen (vgl. Abbildungen 8 und 9) und - noch gezielter - durch Bewertungstableaus (vgl. erste Fallstudie) kann dieser Bewertungsproblematik entgegengewirkt werden.

Teilkriterien	Erläuterungen	PZ
Preisniveau	• Die momentanen Preise sind wettbewerbsfähig • Teuerungszuschläge der letzten Jahre werden ohne "Wenn und Aber" aufgezeigt und begründet	
Preisverhalten	• Lieferant ist zum Abschluss langfristiger Lieferverträge mit Festpreisen bereit • Lieferant ist zur Offenlegung der Kalkulation seiner Preise bereit	
Kostenmanagement	• Lieferant versucht konsequent, durch wertanalytische Arbeitsweisen die Kosten der Produkte zu minimieren • Lieferant ist uneingeschränkt bereit, Kostensenkungspotentiale gemeinsam auszuschöpfen	
Liefer- und Zahlungsbedingungen	• Lieferant akzeptiert uneingeschränkt Liefer- und Zahlungsbedingungen	
Gesamtbeurteilung Wirtschaftlichkeit		

Abbildung 8: Checkliste zur Beurteilung der Wirtschaftlichkeit (Preis- und Kostenmanagement)

Teilkriterien	Erläuterungen	PZ
Logistik	• Logistik ist schnittstellenfrei organisiert und macht kompetenten Eindruck • Lieferant bietet aktiv JiT-Verträge, Ship-to-Stock-Lieferungen an	
Flexibilität	• Verfügt uneingeschränkt über gewünschte Fertigungskapazitäten • Kurzzyklische Reaktionszeiten • Mehrschichtbetrieb	
Lieferfähigkeit	• Frühwarnsystem zur rechtzeitigen Unterrichtung bei Lieferverzögerungen ist vorhanden • Lieferant unterhält ein Sicherheitslager, um Lieferfähigkeit bei Fertigungseinbrüchen aufzufangen • Liefertreue-Index liegt über dem Zielwert	
Zusammenarbeit	• Lieferant verfügt über die notwendigen technischen Voraussetzungen, um den Datenaustausch über EDI abzuwickeln • Lieferant sucht proaktiv Gespräch über Bedarfsvorschau • Offenheit	
Gesamtbeurteilung Versorgungssicherheit		

Abbildung 9: Checkliste zur Beurteilung der Versorgungssicherheit

Darüber hinaus können auch den Noten/Punktzahlen zugeordnete „Attribute" zur Vereinfachung und Objektivierung des Bewertungsprozesses beitragen. Die nachfolgende Auflistung bietet dazu einige Beispiele:

Noten-skala	„Attribute"			
1	immer	uneingeschränkt	problemlos	gut
2	häufig	eingeschränkt	einige Probleme	durchschnittlich
3	selten	überhaupt nicht	überwiegend Probleme	schlecht

Beispiel: Sofern Kostentransparenz von Seiten des Lieferanten „überhaupt nicht" gegeben ist, wird dieses Teilkriterium vom Beurteilungsteam mit einer „3" zu bewerten sein.

Als Sonderfälle sind unvorhersehbare und unkalkulierbare Ereignisse zu bezeichnen, die dazu führen (müssen), dass standardisierte Bewertungsregeln außer Kraft gesetzt werden. Als Beispiele dafür sind zu nennen:

- Durch Höhere Gewalt verursachte Lieferverzögerungen
- Durch Verkehrsunfälle verursachte Transportschäden
- Durch witterungsbedingte Engpässe verursachte Lieferverzögerungen

Auch Fairness gegenüber dem Lieferanten gebietet eine Korrektur der Bewertungsergebnisse, wenn dieser Leistungsstörungen nicht zu verantworten hat, da der Kunde (Abnehmer) diese direkt oder indirekt herbeigeführt hat. Typische Beispiele dafür sind:

- Kurzfristige Terminänderungen und/oder Volumensteigerungen, auf die der Lieferant zwar „flexibel" reagiert, die er aber nur über Teillieferungen erfüllen kann.
- Nachträgliche Konstruktionsänderungen, die zu Lieferverzögerungen führen.

Es steht außer Frage:

> Die Lieferantenbewertung ist keine Einbahnstraße!
> Problembewusstsein auf beiden Seiten zu schaffen, ist das Ziel!

2.2.4 Festlegung der Verarbeitungsregeln

Im Rahmen dieses vierten Schrittes zum Aufbau eines Lieferantenbewertungssystems ist vor allem hinsichtlich der Bewertung der Lieferleistung einwandfrei zu klären,

→ mit Hilfe welcher Kennzahlen und „Formeln" sowie mathematischer Verfahren (z.B. nach dem Verfahren der exponentiellen Glättung oder Mittelwertbildung) die Berechnung der quantifizierbaren (automatischen) Anforderungskriterien erfolgen soll,
→ wie viele Lieferungen (Wareneingänge) mindestens in die Bewertung einfließen müssen, um zu einer repräsentativen und damit vergleichbaren Aussage zu kommen, und
→ welche Ausnahmeregelungen zu treffen sind.

Da sich der Anwender - ob Kunde oder Lieferant - stets die Frage stellen wird, welche Bedeutung weiter zurückliegende Bewertungsergebnisse für die gegenwärtige Entscheidungssituation noch besitzen, sollten bei Anwendung der gleitenden Mittelwertrechnung nur die jeweils in den drei letzten Perioden ermittelten Einzelergebnisse in die Gesamtbewertung einbezogen werden. Obwohl mithilfe von Gewichtungsfaktoren aktuellen Ergebnissen ein größeres Gewicht gegeben werden könnte als weiter zurückliegenden Ergebnissen, erscheint dieser mathematisch durchaus denkbare Lösungsansatz nicht praxisgerecht. Von Vorteil ist in dieser Hinsicht die Anwendung der exponentiellen Glättung, da über die Einstellung des Glättungsfaktors Alpha die im Bewertungszeitraum angefallenen Ergebnisse exponentiell fallend gewichtet werden.[1] Das Verfahren ist u. a. in die SAP-Anwendung integriert.

Eine allgemeine Voraussetzung für die Verwendung von Kennzahlen ist, dass genügend Werte für die Berechnung herangezogen werden und diese repräsentativ sind. Als Praktikerregel gilt, dass zumindest sechs Wareneingänge in die Bewertung einbezogen werden sollten. In jedem Fall sollte in EDV-gestützten Bewertungssystemen die Anzahl der zur Bewertung herangezogenen Lieferungen mitgeführt werden. Denn es erscheint durchaus fraglich, ob im folgenden angenommenen Beispiel beide Lieferanten gleich zu bewerten sind:

- Lieferant A hat das Unternehmen 100 Mal beliefert, von diesen Lieferungen treffen fünf mit Verspätung ein.

---

[1] Siehe im Einzelnen H. Hartmann, Materialwirtschaft, a.a.O., S. 323 ff.

- Lieferant B hat das Unternehmen 20 Mal beliefert, wobei eine Verspätung zu verzeichnen ist.

In beiden Fällen erhält man als Zuverlässigkeitsindex (ZV) bei Verwendung der Kennzahl

$$ZV = \frac{\text{Anzahl der pünktlichen Lieferungen}}{\text{Anzahl aller Lieferungen}} \times 100\ \%$$

den Wert 95 % !

Zum Zwecke der Vergleichbarkeit müsste insbesondere auch die zeitliche Verteilung der Verzögerungen in die Betrachtung einbezogen werden.

- Darüber hinaus ist die Genauigkeit der Aussage in starkem Maße davon abhängig, ob durch Auftragsbestätigungen oder Umdisponierungen geänderte Termine berücksichtigt, das heißt in das EDV-System eingestellt werden.

Wenn dieses nicht sichergestellt werden kann, bleibt zu erwägen, ob nicht jede Abweichung vom gewünschten Liefertermin als Verzögerung zu registrieren ist. Bei Just-in-Time-Beschaffung könnte eine solche Entscheidung aus beschaffungspolitischer und logistischer Sicht gerechtfertigt sein. Allerdings sind Ausnahmen bei einer derartig strengen Regelung die zwangsläufige Folge.

- Im Allgemeinen sind Abweichungen vom Liefertermin bei verschiedenen Materialien als unterschiedlich kritisch anzusehen.

In diesem Zusammenhang sind auch Komplementärbeziehungen, die vor allem zwischen der Termin- und Mengenzuverlässigkeit bestehen, zu beachten.

Beispiel 3: Problematik kompensatorischer Effekte - Festlegung von Mindestmengen

Ein Lieferant liefert pünktlich, aber nicht die vereinbarte Menge. Um zu verhindern, dass der Lieferant eine gute Note bzw. hohe Punktzahl für die pünktliche Lieferung erhält, hat der Abnehmer (Kunde) eine Mindestmenge pro Material im Materialstammsatz festgelegt, die geliefert werden muss, damit ein Wareneingang in die Bewertung eingeht. In diesem angenommenen Fall wird die definierte Mindestmenge nicht erreicht. Das System wird nur die unzureichende Mengentreue mit einer schlechten Note bzw. Punktzahl bewerten.

Als weitere Ausnahmeregelungen können noch in Betracht kommen:
- Eine pünktliche Lieferung, die nicht die gewünschte Qualität aufweist, sollte nur als qualitativ nicht in Ordnung bewertet werden.
- Bei terminlich zu knapp platzierten Aufträgen, die die vom Lieferanten zugesagte Lieferzeit außer Acht lassen, ist die Messung der Terminzuverlässigkeit nicht angezeigt. (Eine Auswertungsmöglichkeit ist in der Bewertung der Flexibilität / Reaktionsfähigkeit des Lieferanten zu sehen.)
- Beim Single Sourcing muss für die Bewertung des Preisverhaltens ein Zielpreis festgelegt werden, da ein „marktgerechter" Preis als Vergleichsmaßstab nicht herangezogen werden kann.

■ Darüber hinaus stellt sich an dieser Stelle die Frage, ob bei einem Lieferanten, der mehrere Teile unterschiedlicher Art und Verwendungsgebiete liefert, die Bewertung materialbezogen erfolgen sollte. (So verursachen beispielsweise sechs verschiedene Kunststoffverpackungen von 1 - 4 Liter Volumen mit zwölf unterschiedlichen Dekorationen unterschiedliche Probleme mit ganz unterschiedlicher Gewichtung.)

Wie auch immer die Festlegungen getroffen werden, entscheidend ist, dass der Gesichtspunkt, eine hinreichend **gerechte** Bewertung aller Lieferanten sicherzustellen, nicht gefährdet wird. In jedem Fall sollten daher - das sei als Mindestanforderung nochmals erwähnt - die unterschiedliche Anzahl der von den Lieferanten im Bewertungszeitraum bezogenen Lose und die erhaltenen Teillieferungen (!) je Sachnummer erfasst und beachtet werden. Das nachfolgende Praxisbeispiel zeigt, dass dieser problematische Sachverhalt auch formelmäßig berücksichtigt werden kann.

Beispiel 4: Berücksichtigung der unterschiedlichen Anzahl von Losen bei Berechnung des Qualitätsindex in einem Unternehmen der Automobilzulieferindustrie

Das von einem namhaften Systemlieferanten der Automobilzulieferindustrie angewandte Verfahren der Qualitätsbewertung geht von den Entscheidungen in den Wareneingangsprüfungen aus. Anhand der angenommenen (i. O.) und nicht angenommenen (n. i. O.) Lose wird ein Qualitätsindex für alle in Frage kommenden Lieferanten errechnet. Die Formel, nach der die Bewertung erfolgt, lautet:

$$Q_i = 96 + \frac{(A - 96)}{3} * \sqrt{B}$$

Dabei bedeuten:

Q_i = Qualitätsindex des Lieferanten in den Grenzen von 0 ... 100, wobei 100 die höchste und 0 die niedrigste Bewertung bedeutet

A = Prozent der angenommenen Lose

B = Anzahl der gelieferten Lose.

Diese Formel glättet weitgehend die Einflüsse der unterschiedlichen Zahl der von verschiedenen Lieferanten bezogenen Lose im Bewertungszeitraum und ermöglicht trotz einfacher Handhabung eine hinreichend gerechte Bewertung aller Lieferanten von Fertigungsmaterial.

So ergeben sich beispielsweise folgende Qualitätsindizes:

Gelieferte Lose (Stück)	Prüfaus-nahme (Stück)	Rück-weisung (Stück)	Angenommen (Stück)	%	Qualitätsindex Q_i
5			5	100	99
9			9	100	100
13		1	12	92	91
16		1	15	94	93
20	1	1	18	90	87

Berechnungsbeispiel:

Lose 5 - angenommene 5 = 100 %.

In die Formel eingesetzt ergibt das:

$$Q_i = 96 + \frac{(100 - 96)}{3} * \sqrt{5}$$

$$Q_i = 96 + \frac{(100 - 96)}{3} * 2,236$$

$$Q_i = 96 + \frac{4}{3} * 2,236$$

$$Q_i = 96 + \frac{8,944}{3}$$

$$Q_i = 96$$

Zur einfachen Ermittlung der Q-Werte dient firmenintern eine Tabelle.

Aus den so ermittelten Qualitätsindizes wird die Einstufung (Klassifizierung) jedes Lieferanten hinsichtlich seiner Lieferqualität in eine der nachstehenden Klassen vorgenommen:

Klassifikation		Qualitätsindex
I	gut	100
II	mangelhaft	99 bis 85
III	Sofortmaßnahmen erforderlich	< 85

Die Bewertung wird monatlich durchgeführt. Jeder Lieferant kann diese für seine Lieferungen einsehen und sich für beliebige Zeiträume seinen Qualitätsindex selbst errechnen. Dabei sind n. i. O.-Lose, für die er Prüfberichte erhält, jeweils wegen Nichtübereinstimmung mit den Spezifikationen beanstandete Lose/Lieferungen. Sie gehen grundsätzlich an den Lieferanten zurück. Das in einer internen Qualitätssicherungsvorschrift beschriebene Bewertungsverfahren ist jedem Lieferanten zugänglich.

2.2.5 Festlegung der Klassifizierungsgrenzen

Für die Einstufung der Lieferanten als „ausgezeichnete" „bevorzugte" und „geeignete" Lieferanten sind Klassifizierungsgrenzen festzulegen, für die es naturgemäß - vergleichbar mit der A-, B-, C-Analyse - keine allgemein gültige Norm gibt. Allerdings gleicht die typische Klassifizierungsstruktur der einer Lieferantenpyramide[1]: Während beispielsweise (s. u.) die Klassifizierungsgrenzen für „geeignete" Lieferanten ein maximaler Bewertungsabstand von 15 Punkten vorgesehen werden kann, reduziert sich dieser bei „bevorzugten" Lieferanten auf 10 und bei „ausgezeichneten" Lieferanten auf 5 Punkte. Dieses Klassifizierungskonzept trägt dazu bei, dass stets nur relativ wenige Lieferanten der obersten Kategorie zugerechnet werden können.

Auf der Basis der getroffenen Einteilung kann der Einkauf für jede Bewertungsklasse Normenstrategien und -maßnahmen festlegen. Im Einzelnen kann die

[1] Siehe H. Hartmann, Lieferantenmanagement, a.a.O., S. 78 und H. Orths, Einkaufscontrolling, a.a.O., S. 131

Einstufung die im nachfolgenden Praxisbeispiel aufgeführten Konsequenzen haben:

Beispiel 5: Konsequenzen aus der Klassifizierung von Lieferanten (Praxisbeispiel)

In einem Konzern der kosmetischen und pharmazeutischen Industrie sind die standardisierten Bewertungskategorien näher charakterisiert und die daraus aus der Sicht des Einkaufs zu ziehenden Konsequenzen wie folgt erläutert:

Ausgezeichnet: 95 bis 100 Punkte

Ein ausgezeichneter Lieferant ist ein Lieferant, der ein außergewöhnlich hohes Leistungsniveau in allen Bewertungskriterien nachweist und aufrecht erhält. Ausgezeichnete Lieferanten werden bevorzugt bei:

- Neuen Verträgen und Langfristabschlüssen,
- Quotenfestlegungen,
- Just-in-Time-Beschaffung,
- Single Sourcing,
- Entwicklungsaufträgen,
- Gemeinsamer Produktentwicklung,
- Gemeinsamer Wertanalyse.

■ Ein ausgezeichneter Lieferant muss Spitzenleistungen erbringen. Sein Unternehmen muss auch die dafür erforderlichen Fähigkeiten haben. Das heißt: Alle unternehmerischen Prozesse, ob in der Konstruktion, Produktion, Vertriebslogistik oder Rechnungswesen müssen optimiert sein.

Einem ausgezeichneten Lieferanten wird die Tatsache, dass er in allen Bereichen „Spitze" repräsentiert, durch eine Urkunde zertifiziert. Er kann Mitglied in einem Lieferantenforum werden, in dem er eine sehr konkrete Chance hat, aktiv den Innovations- und Qualitätsprozess zu gestalten. Auch Lieferantentage stellen eine Möglichkeit dar, einem Kreis von ausgezeichneten, wichtigen Lieferanten Ziele und Zukunftspläne des Unternehmens zu erläutern.

Bevorzugt: 85 bis 95 Punkte

Ein bevorzugter Lieferant ist ein Lieferant, der ein außergewöhnlich hohes Leistungsniveau in allen Bewertungskategorien nachweist und aufrecht erhält. Damit erfüllt er die Voraussetzung für den Abschluss von Langfristverträgen. Aufgedeckte Schwachstellen sind mittelfristig durch gezielte Maßnahmen zu beseitigen.

Geeignet: 70 bis unter 85 Punkte

Ein geeigneter Lieferant ist ein Lieferant, der alle Bewertungskriterien zufrieden stellend erfüllt und ein Potenzial zur Aufqualifizierung nachweisen kann. Dies bedeutet, dass der Lieferant in der Vergangenheit den Anforderungen weitgehend entsprochen hat.

Bei als geeignet eingestuften Lieferanten wird die strategisch orientierte Lieferantenpolitik darauf abzielen,

- den Lieferanteil zu stabilisieren,
- eine Lieferantenentwicklung einzuleiten.

Nicht annehmbar: unter 70 Punkten

Ein nicht annehmbarer Lieferant ist ein Lieferant, der wesentliche Schwächen in seiner Leistungsfähigkeit aufweist oder dessen Lieferleistung nicht zufrieden stellend ist.

Bei Lieferanten, die als nicht annehmbar eingestuft werden, sind Abstellmaßnahmen sofort vom Einkauf und der Qualitätssicherung in die Wege zu leiten. Mittelfristig ist der Lieferantenanteil zu reduzieren und eine Substitution vorzubereiten.

Im Einzelnen kann bei als nicht annehmbar eingestuften Lieferanten wie folgt vorgegangen werden:

1) Der Lieferant wird vom Einkauf darüber benachrichtigt, dass er innerhalb einer bestimmten Frist Verbesserungsmaßnahmen zu ergreifen hat.
2) Der Lieferant muss schriftlich einen Plan über Abstellmaßnahmen mit Terminangaben vorlegen.
3) Der Plan über Abstellmaßnahmen bedarf der gemeinsamen Zustimmung durch Lieferant, Einkauf und Qualitätssicherung. Der Fortschritt der Maßnahmen wird auf der Grundlage dieses Planes überprüft.
4) Falls der Lieferant nicht den Nachweis erbringt, dass Maßnahmen zur Erzielung eines zufrieden stellenden Leistungsniveau binnen der definierten Frist

getroffen wurden, wird der Einkauf einen Plan über alternative Lieferquellen aufstellen.
Sind (beispielsweise) unter 60 Punkte erreicht, so ist der Lieferant kurzfristig zu eliminieren.

Im Allgemeinen erweist sich eine Klassifizierung der Lieferanten dann als vorteilhaft, wenn auf dieser Grundlage im Rahmen einer langfristig angelegten kooperativen Lieferantenpolitik strategisch orientierte Maßnahmen in Zusammenarbeit mit den Lieferanten abgeleitet, definiert und durchgesetzt werden.

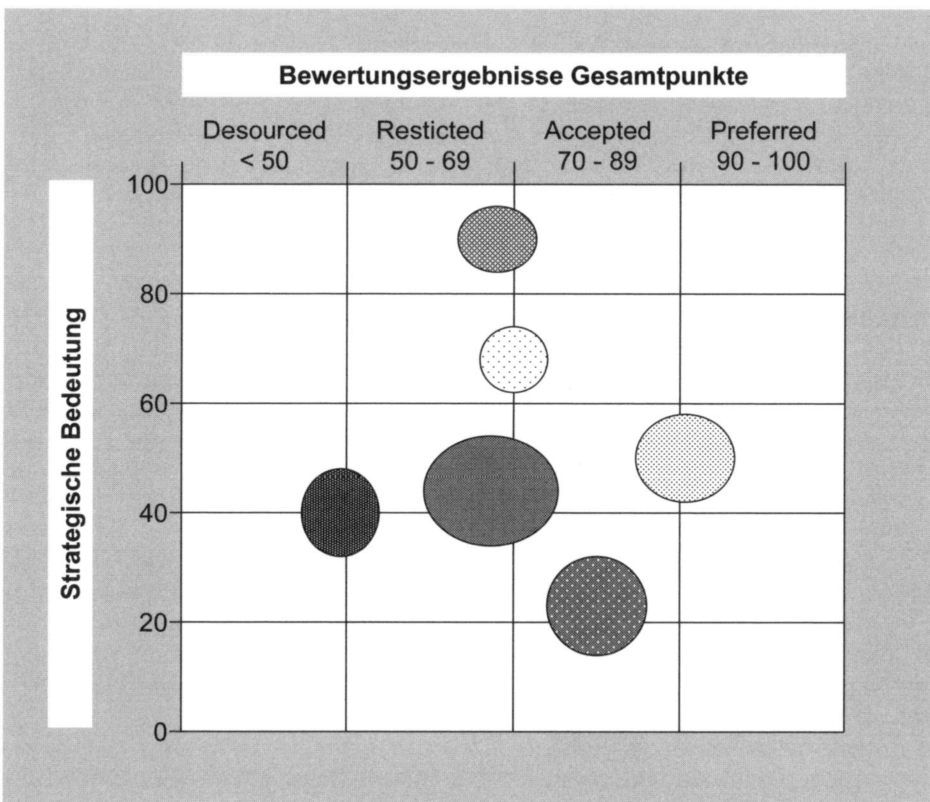

Abbildung 10: Lieferantenportfolio (Praxisbeispiel)

Allerdings ist zu beachten, dass

> die Klassifizierung zwar die Richtung der Lieferantenkooperation und -entwicklung bestimmt, darüber hinaus im Rahmen eines professionellen Lieferantenmanagement aber auch die strategische Bedeutung der Lieferanten zu beachten ist. Dieses Entscheidungskriterium kann neben den Klassifizierungsergebnissen bei der Anlegung eines Lieferantenportfolios Berücksichtigung finden, wie Abbildung 7 - ein Beispiel aus einem namhaften Großkonzern - illustriert. Dabei entspricht der Kreisdurchmesser dem Einkaufsvolumen.

Abschließend ist noch zu erwähnen, dass eine Klassifizierung der Lieferanten auch getrennt für die Teilsysteme (Module I und II) vorgenommen werden kann, so dass die Möglichkeit gegeben ist, die *potenzielle* Leistungsfähigkeit eines Lieferanten mit der tatsächlich *realisierten* zu vergleichen. In der Praxis ist diese Vorgehensweise durchaus anzutreffen, wobei sich das „Gesamtklassement" aus den gewichteten Teilergebnissen (z. B. im Verhältnis 50 : 50) ergibt.

2.3 Informationsgewinnung und -bereitstellung

Um die Lieferleistung eines Lieferanten bewerten zu können, hat der Einkauf selbst keine Daten zu erfassen, da dieses beim Wareneingang oder im Qualitätsmanagement erfolgt. Die für die Bewertung erforderliche Datenbasis ist festzulegen, die EDV-Schnittstellen sind zu regeln und die Verantwortlichkeiten für die Pflege der Daten zu bestimmen.

Im Gegensatz zu dieser sich mit der Vereinnahmung der Materialien mehr oder weniger automatisch vollziehenden Bewertung der erbrachten Lieferleistung muss sich der Einkäufer gezielt der ihm zur Verfügung stehenden primären und sekundären Informationsquellen der Markt- bzw. Lieferantenforschung bedienen (vgl. Abb.11) um die Leistungsfähigkeit eines Lieferanten einschätzen zu können.
Es kommt hinzu, dass die Leistungsfähigkeit eines Lieferanten entscheidend davon abhängig ist, ob und inwieweit das Unternehmen solide finanziert ist und der Cash Flow als ergiebig angesehen werden kann. Die Analyse und kritische Beurteilung entscheidungsrelevanter Bilanzkennzahlen – auf der Basis veröffentlichter Geschäftsberichte oder offen gelegten Zahlenmaterials ermittelt – kann sich dabei als aussagefähiges Instrumentarium erweisen.[1)]

---

[1] Vgl. dazu die ausführliche Fallstudie in H. Hartmann: Modernes Einkaufsmanagement, a.a.O., S. 123 ff.

Lieferantenforschung

Informationsgewinnung

Informationsquellen der Primärforschung	Informationsquellen der Sekundärforschung
■ Innerbetriebliche Quellen/Daten ■ Gespräche mit Verkäufern ■ Lieferantenbesuche/Betriebsbesichtigungen ■ Lieferantenbefragungen/Auditierung	■ Nachschlagewerke/Datenbanken ■ Auskunfteien ■ Geschäftsberichte ■ Referenzen ■ Selbstauskunft

Abbildung 11: Lieferantenforschung - Primär- und Sekundärquellen der Informationsgewinnung

Die Globalisierung der Märkte und Intensivierung des Wettbewerbs erfordern unter Beachtung potenzieller Risiken noch stärker die Einbindung der „besten Lieferanten", d.h. die Bedeutung der Beschaffungsmarktforschung steigt. Dabei behalten die Prinzipien der traditionellen Beschaffungsmarktforschung ihre Gültigkeit.[1] Die Intensität und Effizienz in der Nutzung vorhandener Informationen wird durch Werkzeuge wie „elektronische Archivierung" und Data Warehouse-Konzepte" wesentlich gesteigert. Die Potenziale der multimedialen Beschaffung kommen ergänzend hinzu.

Internet, Electronic Commerce und virtuelle Marktplätze ermöglichen auch kleineren und mittleren Unternehmen den Zugang zum Weltmarkt per Mouse-Klick vom Arbeitsplatz aus.

Der Erstkontakt mit möglichen Lieferanten erfolgt entweder als Initialkontakt durch den Lieferanten in Form von mündlicher oder schriftlicher Kontaktaufnahme unter Nutzung von Imageunterlagen, Produktkatalogen, Referenzlisten

---

[1] Siehe im Einzelnen H. Hartmann, Materialwirtschaft, a.a.O., S. 187 ff.

und ähnlichen Informationen oder über die Lieferantenbewerbung auf der Procurement Page des möglichen Kunden (sog. passive Lieferantensuche).

Die aktive Lieferantensuche umfasst alle Instrumente der multimedialen Beschaffungsmarktforschung.

Für die strukturierte und zielführende Vorgehensweise bei der Anbahnung von Geschäftsbeziehungen mit neuen Lieferanten hat sich der Einsatz verschiedener Checklisten in der Praxis bewährt. Zunächst werden Basisinformationen durch die Lieferanten-Selbstauskunft auf der Procurement Page und/oder den Besuchsberichten (siehe Checkliste 1 im Anhang) ermittelt. Lassen diese Informationen ein ausreichend interessantes Potenzial für den möglichen Lieferanten vermuten, so erscheint es in der Regel sinnvoll, durch eine Kontrollanfrage dieses Potenzial zu erhärten. Ist diese ebenfalls erfolgreich absolviert, so können anschließend je nach Aufgabenstellung ergänzende Informationen - zum Beispiel mit der Checkliste 2 für Systemlieferanten - eingeholt werden.[1]

Während die Vorauswahl möglicher Lieferanten darauf abzielt zu überprüfen, ob diese definierten Grundvoraussetzungen erfüllen, bilden die Bewertungsergebnisse der vorausgewählten Lieferanten die Basis für die Vergabeentscheidung. Der Lieferantenauswahlprozess läuft also, sofern es sich um höherwertige oder kritische Teile handelt, zweistufig ab. Das nachfolgende Praxisbeispiel veranschaulicht diese Doppelgleisigkeit.

Beispiel 6: Zweistufiges Lieferantenauswahlverfahren (Praxisbeispiel)
In einem Unternehmen der Elektronikbranche ist der Lieferantenauswahlprozess wie folgt beschrieben:

- In der **ersten** Stufe, der *Vorauswahl*, erfolgt an Hand qualitativer Kriterien eine Überprüfung des Lieferantenprofils und der Grundvoraussetzungen. Als Überprüfungskriterien werden dabei berücksichtigt,

    - Standort, Niederlassung
    - Geschäftsführung
    - Verkaufsprogramm

---

[1] Die hier erwähnten und im Anhang dieses Buches wiedergegebenen Checklisten werden in der Praxis mit Erfolg eingesetzt.

- Umsatz / Marktanteil
- Zahl der Mitarbeiter
- Finanzkraft / Bonität
- Erfüllung technischer Anforderungen
- Erfüllung logistischer Anforderungen
- ...

- In der **zweiten** Stufe, der eigentlichen *Lieferantenbewertung*, werden die vorausgewählten Lieferanten einer quantitativen Beurteilung hinsichtlich standardisierter Anforderungskriterien unterzogen.

Auch wenn die Einsatzmöglichkeiten der neuen Informations- und Kommunikationsmedien ausgeschöpft werden sollten, so steht doch außer Frage, dass Lieferantenbesuche - möglicherweise in Verbindung mit einer Auditierung - die wichtigste Informationsquelle darstellen.
Sie entsprechen der an eine Datensammlung gestellten Forderung, dass die benötigten Informationen möglichst nahe am Ursprung zu erfassen sind, um Fehldeutungen zu vermeiden und ihre Aktualität zu sichern. Aufgrund wirtschaftlicher Überlegungen lohnt sich die Durchführung von Lieferantenbesuchen in der Regel nur bei Hauptlieferanten.

2.4 Verfahrenswahl

Es sind in der Vergangenheit eine Vielzahl von Verfahren zur Lieferantenbewertung entwickelt worden, die für den Einsatz in der Praxis infrage kommen. Das trifft in besonderem Maße auf die verschiedenen Arten von Punktbewertungsverfahren zu, die daher neben den Notensystemen im Mittelpunkt der nachfolgenden Darstellung stehen.

Die Verfahrenswahl wird vor allem von folgenden Kriterien beeinflusst:
- Zweck der Lieferantenbewertung (als Verfahren zur Lieferantenauswahl und/oder als Instrument für das Lieferantencontrolling),
- Informationsbedarf und Datenbestand,
- Arbeitsmethode (manuell oder EDV-gestützt).

Festzuhalten ist, dass die Primär- und Sekundärinformationen, die zur Beurteilung der wirtschaftlichen, ökologischen und technischen Leistungsfähigkeit aktueller und potenzieller Lieferanten zusammengetragen werden, nur - wenn überhaupt - verdichtet in die Verfahren einfließen. Auf eine gezielte Lieferantenforschung kann aber vor allem deshalb nicht verzichtet werden, weil

- alle Verfahren den Nachteil haben, dass sie von der gegenwärtigen Situation ausgehen und die zukünftige Entwicklung nicht berücksichtigen.

Das trifft auch auf die methodisch sehr anspruchsvolle Nutzwertanalyse zu, die zur systematischen Entscheidungsvorbereitung bei der Auswahl komplexer Projektalternativen eingesetzt wird, darüber hinaus aber auch zur Entscheidungsfindung bei der Lieferantenauswahl geeignet ist. Aufgrund der entscheidungstheoretischen Modellannahmen ist in diesem Verfahren jedoch kaum eine praxisgerechte Lösung zu sehen.

Generell ist noch anzumerken, dass

- Mehrfaktorenvergleiche in der Praxis immer mehr vordringen, da Einfaktorenvergleiche Ausdruck eines verwaltenden Einkaufs sind, der seine Verantwortung für die Wettbewerbsfähigkeit des Unternehmens in keiner Weise erfüllt.

In der Regel werden in die Verfahren zur Bewertung der Lieferleistung mindestens drei (quantifizierbare) Anforderungskriterien einbezogen. Eine fundierte Bewertung der wirtschaftlichen, ökologischen und technischen Leistungsfähigkeit eines Lieferanten setzt die Berücksichtigung vor allem auch nicht quantifizierbarer Anforderungskriterien voraus.

2.4.1 Notensysteme

In der Einkaufspraxis haben sich die auf der Basis von Schulnoten begründeten Verfahren durch ihre Einfachheit und Transparenz bewährt. Der Erklärungsaufwand bei der Einführung und Anwendung ist gering, da für jeden Anwender und Lieferanten die „Eins“ als Bestnote bekannt ist.

Die Verfahren bieten bei hauptsächlich auf Überprüfung der Zuverlässigkeit ausgerichteten Lieferantenbewertungssystem geeigneten Ansatzpunkt zur Bewertung. Allerdings wirkt sich bei diesen Verfahren die häufig fehlende Gewichtung der Anforderungskriterien möglicherweise negativ auf die für eine optimale beschaffungspolitische Entscheidung notwendige Objektivität aus.

- Sofern eine Gewichtung der Noten (N) erfolgen soll, kann zur Ermittlung des Notenwertes (NW) der Gewichtungsfaktor sinnvollerweise nur als Prozentsatz (GP) herangezogen werden. Die „Formel“ zur Ermittlung des Notenwertes lautet demnach:

  $$NW = N * GP$$

Im Wesentlichen unterscheiden sich die Notensysteme hinsichtlich ihrer Skalierung, das heißt die Abstufungen werden in der Praxis recht unterschiedlich gehandhabt. Wie die nachfolgenden Beispiele zeigen, wird dabei durchaus vom Schulnotensystem - der Abstufung von 1 bis 5 - abgewichen.

2.4.1.1 Drei-Notensysteme

Dieses einfache und äußerst transparente Bewertungsverfahren bietet nur in geringem Maße Differenzierungsmöglichkeiten bei der Bewertung des vom Lieferanten erreichten Erfüllungsgrades. Auch kann sich der Erfolg von Lieferantenentwicklungs- und -qualifizierungsmaßnahmen in einem verbesserten Bewertungsergebnis kaum widerspiegeln: Eine sprunghafte Verbesserung von einer „2“ (Durchschnitt !) auf eine „1“ (Gut !) erscheint in der Regel unrealistisch.

Gleichwohl finden sich in der Praxis Anwendungsbeispiele, wie Abbildung 12 ausschnittsweise verdeutlicht. In diesem Fall werden Unterschiede im erreichten Erfüllungsgrad, die zwangsläufig zu einer Abstufung in der Bewertung führen müssen, durch Attribute (problemlos - einige Probleme - überwiegend Probleme) beschrieben.

Eine Gewichtung der Kriterienblöcke wird indirekt durch deren Rangfolge angedeutet.

Lieferant: .... **Nr.:** .... **Datum:** ....
Werkstoffgruppen: .... **Beurteiler:** ....
Beurteilungszeitraum: von .... **bis** ....

1 = problemlos
2 = einige Probleme
3 = überwiegend Probleme

1. TERMINE: Wie wurden Terminvorgaben eingehalten?	**1**	**2**	**3**
1.1 Angebotsabgabe			
1.2 Erstmustertermine			
1.3 Technische Änderungen			
1.4 Sonderaktionen			

2. KOMMUNIKATION: Wie gut war die Zusammenarbeit?	**1**	**2**	**3**
2.1 Ansprechpartner (z.B. vorhanden, häufiger Wechsel, ...)			
2.2 Erreichbarkeit			
2.3 Einhalten von Zusagen			
2.4 Verhalten bei Verhandlungen			
2.5 Eskalation (Einschalten Geschäftsleitung bei Problemen)			

3. FLEXIBILITÄT: Wie flexibel reagiert der Lieferant?	**1**	**2**	**3**
3.1 Schnellschüsse			
3.2 Volumensteigerung			
3.3 Kapazitätsanpassung			
3.4 Unterstützung/Mitarbeit bei Änderungen			

4. Bemerkungen:

____

____

Abbildung 12: Das Drei-Notensystem zur Bewertung der Leistungsfähigkeit (Praxisbeispiel)

2.4.1.2 Fünf-Notensysteme

Ein Notensystem, das eine Abstufung der Bewertungsergebnisse von 1 bis 5 oder 1 bis 6 ermöglicht, bedarf wohl kaum einer weitergehenden Erläuterung, da es in der Skalierung der Vergabe von Schulnoten gleichkommt. Es stellt sicher, dass sich Leistungsunterschiede in den Noten differenziert widerspiegeln. Dabei kann in der Praxis durchaus variabel in der Weise verfahren werden, dass nur die Noten 1 und 5 (z. B. für „gute“ und „schlechte“ Qualität) oder 1, 3 (z. B. bei unsachgemäßem Anlieferungszustand) und 5 vergeben werden.

Ein leistungsbegleitendes Fünf-Notensystem ist detailliert in der zweiten Fallstudie unter Ziffer 5 dargestellt.

2.4.1.3 Gewichtete Notensysteme

Auch wenn - wie erwähnt - die Notensysteme in der Praxis in der Regel durch fehlende Gewichtung charakterisiert sind, so ist die Möglichkeit einer Verknüpfung der Bewertungsergebnisse (Noten) mit Gewichtungsprozentsätzen grundsätzlich nicht auszuschließen. Das nachfolgende Beispiel illustriert einen Anwendungsfall.

Beispiel 7: Gewichtetes Notensystem (Praxisbeispiel)
In einem führenden Unternehmen der Computerbranche dürfen nur die Lieferanten zur Abgabe eines Angebotes aufgefordert werden, deren Gesamtbewertung aus der Erstbeurteilung bzw. aus Folgebeurteilungen besser als 2,5 ist. Diese Gesamtbewertung ergibt sich aus der Bewertungsskala

1 = ausgezeichnet,
2 = sehr gut,
3 = gut,
4 = befriedigend,
5 = nicht ausreichend und
6 = nicht akzeptabel.

Die bei der Ermittlung von potenziellen Lieferanten herangezogenen Anforderungskriterien müssen für das Auswahlverfahren durch das Beurteilungsteam gewichtet werden. Das Bewertungskriterium „Kosten“ wird bei der Vergabeentscheidung ergänzt um eine gesamtheitliche Kostenbetrachtung. Dazu gehören auch Aufwendungen für Lieferantenumstellungen beim Bedarfsträger, Unterstützungskosten beim Lieferanten in der Anlernphase sowie sonstige Kosten, die durch einen neuen Lieferanten bzw. durch einen Lieferantenwechsel verursacht werden.

In Abbildung 13 ist ein Beispiel für eine Projekt- und Vorgangsentscheidung festgehalten:

	Lieferanten					
	A		B		C	
	Gewichtung		Gewichtung		Gewichtung	
Qualität (30%)	2,0	60	1,3	39	1,8	54
Technik (20%)	2,5	50	1,5	30	2,0	40
Management (20%)	3,0	60	2,0	40	2,2	44
Kosten (30%)	2,4	72	2,2	66	2,0	60
Gesamtgewichtung		242		175		198
% 100	2,42		1,75		1,98	

Abbildung 13: Gewichtetes Notensystem (Praxisbeispiel)

- Bestes Ergebnis gleich 1.0
- Zuschlag bekommt der Anbieter mit dem besten Ergebnis (gewichtete „Bestnote").

Die Entscheidungsfindung erfolgt im Beurteilungsteam. Kann keine erzielt werden, entscheidet der Einkäufer im Rahmen seiner Zeichnungsberechtigung. Sollte ein Lieferant, mit dem als Dauerlieferant, Geschäftspartner oder Großkunde über das normale Maß hinausgehende geschäftliche Beziehungen bestehen, nicht die für eine Auftragsvergabe notwendige Bestnote erreichen, so muss der zuständige Einkaufsleiter informiert werden, um zu entscheiden, ob mit diesem als „sensitive supplier" eingestuften Lieferanten zusätzliche Gespräche mit dem Management des Lieferanten geführt werden sollen.

2.4.2 Punktbewertungsverfahren

Um dem genannten Mangel des Notensystems, der fehlenden oder problematischen Gewichtung entgegenzuwirken, werden in der Praxis vor allem Punktbewertungsverfahren eingesetzt. Der wesentliche methodische Unterschied dieser Verfahren zu den Notensystemen ist darin zu sehen, dass die definierte maximale Punktzahl die jeweils „Bestnote“ darstellt. Darüber hinaus kann die Skalierung beliebig gewählt werden und sich im Dezimalbereich, im Hundert-Punktebereich oder auch in einem Mehrfachen davon bewegen. Die nachfolgende vergleichende Gegenüberstellung veranschaulicht diesen Unterschied:

Bewertungsergebnis	Note	Punktzahl	
		"Dezimal"	"Hundert"
sehr gut	1	5	100
gut	2	4	80
zufriedenstellend	3	3	60
ausreichend	4	2	40
mangelhaft	5	1	20

Es erscheint keineswegs verwunderlich, das in der Praxis häufig von diesem Schema abgewichen wird, indem die Bewertungsskala verlängert oder verkürzt wird oder bei den Hundert-Punkteverfahren die Ausprägungen der Abstufungen unterschiedlich definiert werden (vgl. die erste Fallstudie unter Ziffer 4).

Wenn man nunmehr noch berücksichtigt, dass für alle Punktbewertungsverfahren eine Gewichtung der Punktzahlen (PZ) das charakteristische Merkmal darstellt und die Gewichtung sowohl multiplikativ mit einem Gewichtungsfaktor (GF) als auch prozentual mit einem Gewichtungsprozentsatz (GP) erfolgen kann, so lässt sich auf diesem Hintergrund die in der Praxis anzutreffende Variantenvielfalt erklären. Als „Formeln“ zur Berechnung des jeweiligen Punktwertes (PW) lassen sich demnach formulieren:

- PW = PZ * GF

oder

- PW = PZ * GP

Es sollen nachfolgend das
- Dezimal-Punktbewertungsverfahren,
- Hundert-Punktbewertungsverfahren und
- Höchstpunktwertsysteme

dargestellt werden, die zwar voneinander abgrenzbare Verfahrenstypen repräsentieren, in der Praxis jedoch in unterschiedlichen Ausprägungen vor allem hinsichtlich der festgelegten Skalierung vorkommen.

2.4.2.1 Dezimal-Punktbewertungsverfahren

Das Dezimal-Punktbewertungsverfahren ist dadurch charakterisiert, dass sich die Bewertungsstufen zwischen 0 und 10 bewegen. Das nachfolgende Praxisbeispiel ist in dieser Hinsicht typisch für häufig anzutreffende Anwendungsfälle, wobei hinsichtlich der Abfolge und Anzahl der Bewertungsstufen kaum eine Übereinstimmung anzutreffen ist.

Beispiel 8: Dezimal-Punktbewertungsverfahren (Praxisbeispiel)
In einem Unternehmen der Elektronikbranche steht eine funktionsübergreifende Teamentscheidung zur Auswahl der Lieferanten im Mittelpunkt des Lieferantenauswahlprozesses.

Die systematische Bewertung der vorausgewählten Lieferanten erfolgt auf der Basis ihrer

- Zuverlässigkeit und
- Konditionen.

Wie aus Abbildung 14 ersichtlich ist, werden die Hauptkriterien jeweils durch 4 Teilkriterien (Elemente) beschrieben. Die diesen zugeordneten Gewichtungsfaktoren ergeben in ihrer Summe jeweils 25 Einheiten. Da die Skalierung von 0 bis maximal 4 Punkte reicht, errechnet sich je Kriterienblock ein maximaler Punktwert von 100.

Der Bewertungsprozess ist durch die Formulierung von Maßstäben vereinfacht, transparent und weitgehend objektiv gestaltet, auch wenn der beschreibende Text einen Bewertungsspielraum zulässt.

	Kriterien	Gewichtung	Bewertung in Punkten				
			0	1	2	3	4
Zuverlässigkeit	Qualität	7	niedrig	Übergang	mittel	Übergang	hoch, gute Referenz
	Technik	7	niedrig		mittel		hoch
	Logistik	6	unzuverlässig		meistens zuverlässig		sehr zuverlässig
	Flexibilität	5	gering		mittel		hoch
	Gesamt	**25**					**max. 100 Pkt.**
Konditionen	Preishöhe	17	20% über Referenzpreis	(Übergang)	Referenzpreis	(Übergang)	30% unter Referenzpreis
	Preistrans-parenz	2	nicht transparent		Ansätze vorhanden		Kostenstruktur transparent
	Preisentwick-lungstendenz	2	stark steigend		gleichbleibend		stark sinkend
	Zahlungsbe-dingungen	4	schlechter als Referenz		Referenz-bedingungen		günstiger als Referenz
	Gesamt	**25**					**max. 100 Pkt.**

Legende: 0 = niedrig, ungünstig
4 = hoch, günstig

Abbildung 14: Dezimal-Punktbewertungsverfahren - Bewertungstableau (Praxisbeispiel)

2.4.2.2 Hundert-Punktbewertungsverfahren

Die Verfahren dieser Kategorie sind in der Regel dadurch charakterisiert, dass die Bewertungsunterschiede durch Abstufungen im Hundert-Punktebereich festgelegt werden (z. B. 100, 80, 60, 40, 20). Dabei ist - wie bereits skizziert - die „Bestnote“ der maximal erreichbaren Punktzahl gleichzusetzen. Die je Anforderungskriterium (Teilkriterium) vergebenen Punktzahlen werden durch Gewichtungsprozentsätze „relativiert“.[1]

2.4.2.3 Höchstpunktwertsysteme

Bei diesen Verfahren erhalten die festgelegten Anforderungskriterien einen ihrer Bedeutung entsprechenden Höchstpunktwert, das heißt die maximale Punktzahl wird gewisserweise im Vorfeld schon gewichtet.

Abbildung 15 zeigt deutlich die Problematik dieser Vorgehensweise auf: Es fehlt an Transparenz und lädt zur Manipulation ein, da Abstufungen in der Skalierung nicht mehr erkennbar sind. Abschläge von den maximalen Punktwerten sollten zwar im Verhältnis zu den Leistungsunterschieden vorgenommen werden, lassen jedoch alle Möglichkeiten der Einschätzung zu.

---

[1] Sofern die Gewichtung der erreichten Punktzahlen auf der Basis von Gewichtungsfaktoren erfolgt, sollten diese zwischen „Null“ und „Eins“ bestimmt werden, damit der Punktwert im Hunderter-Bereich verbleibt. Die erste Fallstudie unter Ziffer 4 zeigt einen dafür typischen Verfahrensansatz.

PRODUKT: Teilenummer:					
Bewertungskategorie	Punkte	Lieferant 1	Lieferant 2	Lieferant 3	Lieferant 4
			W+R	Paragon	
1. SERVICE					
PKT Total (max. mögl.:)	150	55	125	#NV	#NV
% von max. möglichen		*37%*	*83%*	*#NV*	*#NV*
2. FLEXIBILITÄT					
PKT Total (max. mögl.:)	250	90	155	#NV	#NV
% von max. möglichen		*36%*	*62%*	*#NV*	*#NV*
3. TECHNOLOGIE					
PKT Total (max. mögl.:)	300	225	260	#NV	#NV
% von max. möglichen		*75%*	*87%*	*#NV*	*#NV*
4. QUALITÄT/ZUVERL.					
PKT Total (max. mögl.:)	300	155	265	#NV	#NV
% von max. möglichen		*52%*	*88%*	*#NV*	*#NV*
max. mögliche Punkte:	**1000**				
Gesamtergebnis:		**525**	**805**	**#NV**	**#NV**
% von max. möglichen		*53%*	*81%*	*#NV*	*#NV*

Abbildung 15: Höchstpunktwertsystem (Praxisbeispiel)

2.4.3 Kennzahlenverfahren

Ziel aller kennzahlorientierter Bewertungsverfahren ist es, „auf einen Blick" in verdichteter Form eine möglichst objektive Beurteilung der definierten Hauptkennzahl zu erhalten. Diese kann u. a. als

- Beschaffungsmarketingkennzahl
- Logistikkennzahl
- Qualitätskennzahl

formuliert werden. Die Struktur der Kennzahlen ist im Einzelnen zu bestimmen. Das nachfolgende Beispiel bietet hierfür einen typischen Lösungsansatz, wobei dieser nur einen zu bewertenden Teilbereich abdeckt.

Beispiel 9: Qualitätskennzahl für Fertigungsmaterial (Praxisbeispiel)
Miele strebt eine möglichst objektive Beurteilung des Qualitätsgeschehens der Fertigungsmateriallieferanten an. Die Ermittlung der Qualitätskennzahlen (QKZ) erfolgt quartalsweise auf Basis der im Auswertungszeitraum angefallenen Daten und wird - wie beispielhaft die in Abbildung 16 dargestellte lieferantenspezifische Auswertung veranschaulicht - aus sechs, nachfolgend beschriebenen Elementen gebildet:

Auswertung:			
Bewertete Elemente:	**Gewichtung**	**Erfüllungsgrad**	**Qualitätskennzahl**
QM - System (QMS)	0,09	0,90	8 %
Erstmusterprüfung (EMP)	0,12	0,90	11 %
Wareneingangsprüfung (WEP)	0,18	0,95	17 %
Montageausfallrate (MAR)	0,24	0,91	21 %
Kundendienstausfallrate (KAR)	0,29	1,00	29 %
Reklamationsbearbeitung (RBA)	0,09	0,40	4 %
Qualitätskennzahl/Einstufung		90 % / A	(90 % / A)

Abbildung 16: Erfüllungsgrad der Einzelelemente (Lieferantenspezifische Auswertung)

QM-System (QM)

Unter Verwendung der „Liste auditierter Firmen“ erfolgt eine Bewertung des Erfüllungsgrades für das QM-System des bewerteten Lieferstandortes nach folgender Einteilung:

A - Lieferant = 1,0
AB - Lieferant = 0,9
B - Lieferant = 0,8
C - Lieferant = 0,6

Bei Firmen, die nicht in der Liste auditierter Firmen erscheinen, wird das QKZ-Element QM-System nicht bewertet. Bei Teilen, die über Händler geliefert werden, wird das Auditergebnis der Fertigungsstätte gewertet. Erzielen unterschiedliche Fertigungsstandorte eines Lieferanten unterschiedliche Auditergebnisse, so wird das schlechteste Ergebnis gewertet.

Erstmusterprüfung (EM)

Eine Einstufung des Lieferanten erfolgt nach folgender Formel:

$$EM - QKZ = \frac{\text{Anzahl freigegebene Erstmuster} + \text{Anzahl bedingt freigegebene Erstmuster} \times 0{,}8}{\text{Anzahl aller bewerteten Erstbemusterungen}}$$

Bewertet werden nur vom Lieferanten zu vertretende Fehler, d. h. wird eine Erstbemusterung wegen Abnehmerfehler nicht oder nur bedingt freigegeben, so wird dies für die Ermittlung der Qualitätskennzahl als freigegebene Erstbemusterung im Sinne des Lieferanten gewertet. Liegen sowohl Lieferanten- als auch Abnehmerfehler vor, so wird dies für die Ermittlung der Qualitätskennzahl als Lieferantenfehler gewertet. Bei Firmen bei denen im Auswertungszeitraum keine Erstbemusterungen abgeschlossen wurden, wird das QKZ-Element Erstmusterprüfung nicht bewertet.

Wareneingangsbewertung (WE)

Es wird die Qualitätskennzahl aus dem SAP-System anhand der getroffenen Verwendungsentscheide (VE’s) verarbeitet. Die zur Berechnung notwendige Formel lautet:

$$WE - QKZ = 1 - (0{,}004 \times \text{Anz. aller VE's} + 4) \times \frac{\text{Anzahl VE's Note 5} + 0{,}1 \times \text{Anzahl VE's Note 3}}{\text{Anzahl aller bewerteten VE's}}$$

Die getroffenen Verwendungsentscheide entsprechen folgender Beurteilung:
Note 1: in Ordnung
Note 3: bedingt in Ordnung
Note 5: nicht in Ordnung, nicht oder nur mit Nacharbeit oder Aussortierung zu verwenden

Durch die verwendete Formel wird erreicht, dass Lieferanten mit einer geringen Anzahl von Lieferungen nicht überproportional benachteiligt werden. Die Formel wurde entsprechend folgender Eckwerte gewählt:

Ein Lieferant mit 10 Lieferungen und einem Anteil an bemängelten Wareneingängen (Note 5) von 10 % (= ein bemängelter Wareneingang) im Auswertungszeitraum erhält die gleiche WE-Qualitätskennzahl wie ein Lieferant mit 1000 Lieferungen und einem Anteil an bemängelten Wareneingängen von 5 % (= 50 bemängelten Wareneingänge), nämlich 60 %. Auch bei sonstigen, allgemeinen Reklamationen, die nicht aus Wareneingangsprüfungen resultieren, wird die Benotung des letzten Wareneingangs je nach Fehlerschwere auf Note 3 bzw. 5 geändert. Wurde der betreffende Wareneingang schon wegen eines anderen Fehlers reklamiert, so wird die schlechtere der beiden Noten eingetragen.

Montageausfallrate (MA)

Die Summe aller in der Montage, Vormontage, Fremdmontage und der an den Reparaturplätzen ausgefallenen und an die QS bzw. den Lieferanten zurückgelieferten Teile des Auswertungszeitraums mit Befund „Herstellfehler“ wird durch die im Auswertungszeitraum bewertete Stückzahl dividiert. Zwischen 0 und 500 ppm Ausfallrate sinkt der Erfüllungsgrad linear von 1,0 (0 ppm) bis 0 (500 ppm). Ausfallraten > 500 ppm werden mit dem Erfüllungsgrad 0 bewertet.

Abweichend von der genannten Charakteristik können für Lieferanten mit eile- oder fertigungsbedingten und von Miele akzeptierten, höheren Ausfallraten, angepasste Ausfallraten zur Ermittlung des QKZ-Elements Montageausfälle verwendet werden. Werden komplette Behälter aufgrund fehlerhafter Teile von der Montage abgewiesen, so werden nur die bis zum Abbruch ausgefallenen Teile in der ppm-Bewertung der Montageausfälle bewertet. Die zurückgewiesenen Behälter werden dann mit einer so genannten allgemeinen Reklamation zum Lieferanten zurückgeschickt und gehen damit in die Wareneingangsbewertung mit ein.

Kundendienstausfallrate (KAR)

Die Summe aller während der Miele-Werksgarantie ausgefallenen und an die QS zurückgelieferten Teile innerhalb der Herstellergarantie des Auswertungszeitraums mit Befund „Herstellfehler" wird durch die im Auswertungszeitraum bewertete Stückzahl dividiert. Zwischen 0 und 500 ppm Ausfallrate sinkt der Erfüllungsgrad linear von 1 (0 ppm) bis 0 (500 ppm). Ausfallraten > 500 ppm werden mit dem Erfüllungsgrad 0 bewertet.

Reklamationsbearbeitung (RB)

Bewertet wird das Verhalten des Lieferanten beim Auftreten von Reklamationen. Der zuständige Lieferantenbetreuer vergibt anhand der Kriterien Reaktionszeit, Wirksamkeit, Systematik und Inhalt der vom Lieferanten veranlassten kurz-, mittel- und langfristigen Abstellmaßnahmen eine Wertung von 1 (sehr gut) bis 6 (ungenügend) pro erfolgter Reklamation.
Die vergebenen Benotungen entsprechen folgenden Erfüllungsgraden:

1 = 1,0 / 2 = 0,8 / 3 = 0,6 / 4 = 0,4 / 5 = 0,2 / 6 = 0,0.

Die Summe der Benotungen wird durch die Anzahl der Benotungen dividiert und das Ergebnis entsprechend obiger Zuordnung umgerechnet und dargestellt. Traten im Auswertungszeitraum keine Reklamationen auf, können jedoch Stellungnahmen aus Reklamationen des vorhergegangenen Quartals in der Bewertung erfolgen.

2.5 Auswertungen

Um dem Zweck des Lieferantencontrolling gerecht zu werden, sollten die Leistungsdaten der Lieferanten periodisch in kürzeren Abständen überprüft werden. Dabei sind die Daten in unterschiedlicher Verdichtung vorzulegen.

- Die erste Analyseebene wird im Lieferantenprofil dargestellt. Dabei handelt es sich um eine Gesamtwertzahl. Das bedeutet, dass für einen Lieferanten alle Lieferungen in die Berechnung einfließen, unabhängig von der Produktgruppe. Aussagefähiger sind die Daten der zweiten Ebene, auf der eine Aufschlüsselung nach Produktgruppen erfolgen sollte. Anhand dieser Daten kann der Einkäufer prüfen, bei welchen Teilen der Lieferant Probleme hat.
- Für die Analyse der Ursachen einer schlechten Gesamtwertzahl müssen die Daten nach den Anforderungskriterien weiter aufgeschlüsselt werden.
- Eine weitere Aufschlüsselung sollte das Programm der Warenannahme, Wareneingangs- und Qualitätsprüfung ermöglichen.
  Die Bewertung jeder einzelnen Lieferung muss erkennbar sein.

Zusammenfassend lässt sich feststellen:

Das zur Verfügung stehende Lieferantenbewertungssystem muss jedem Einkäufer auf folgende Fragen eine Antwort geben:

- Wie ist die Gesamtwertzahl des Lieferanten zustande gekommen?
- Treten Abweichungen zum wiederholten Male auf?
- Tritt der Fehler nur bei einem bestimmten Material oder einer Materialgruppe auf?

Über Beurteilungsblätter und -hitlisten (vgl. Abb. 23) sollte der Einkauf bei EDV-gestützter Lieferantenbewertung die erforderlichen Informationen erhalten.[1]

2.6 Darstellungsformen

Unterschiedliche Darstellungsmöglichkeiten ergeben sich aus den in der Praxis verwendeten numerischen und graphischen Darstellungsarten. Die graphischen Darstellungsarten sind auch dem ungeübten Praktiker sofort eingängig, lassen aber nur eine geringe Anzahl von betrachteten Kriterien zu. Balkendiagramme, Kreisdiagramme und Profiltechniken[2] sind nur einige der auch in der Praxis angewandten Möglichkeiten, auf die hier im einzelnen nicht eingegangen werden kann.

---

[1] Siehe SAP, Systembeschreibung, a. a. O., S. 8-2.

[2] Siehe dazu die Beispiele unter Punkt 5 dieser Arbeit.

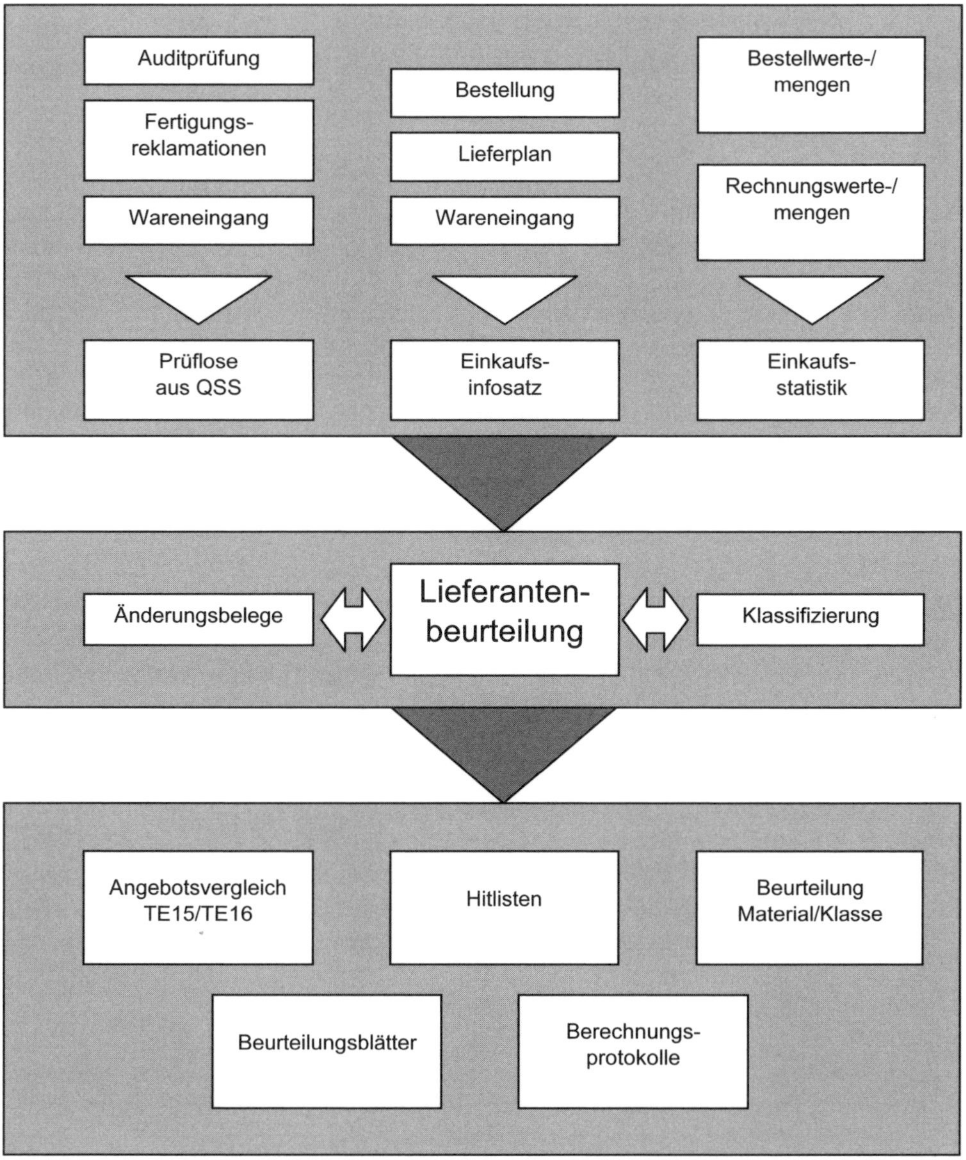

Abbildung 17: Aufbau der Lieferantenbeurteilung (SAP)

3 Leitlinien zur Einführung und Anwendung eines Lieferantenbewertungssystems

Horst Hartmann

Die Effizienz eines Lieferantenbewertungssystems ist entscheidend davon abhängig, ob sich die „Betroffenen“ mit dem System identifizieren und davon überzeugt sind, dass es keinem Selbstzweck dient, sondern Mittel zum Zweck ist! Damit sich Akzeptanz und Motivation herausschälen, ist es zwingend erforderlich, die potenziellen Anwender in das Projektteam einzubeziehen. Um die mit der Einführung eines Lieferantenbewertungssystems verbundenen Ziele zu erreichen, sind darüber hinaus vor allem die nachfolgend aufgelisteten Regeln und Anwendungsaspekte zu beachten, die teilweise ausführlicher in den ersten Abschnitten dargelegt wurden.

3.1 Anwendungsaspekte

Obwohl sich die Entwicklung und Einführung eines Lieferantenbewertungssystems stets vor dem Hintergrund unternehmensspezifischer Rahmenbedingungen und Zielvorstellungen vollzieht, so sind doch im Allgemeinen folgende Anwendungsaspekte zu beachten:

→ Die Einführung des Lieferantenbewertungssystems sollte schrittweise erfolgen. Mit anderen Worten: Es sollte sinnvollerweise zunächst nur ein kleiner (vertrauter) Lieferantenkreis in die Bewertung der Lieferleistung und/oder der Leistungsfähigkeit einbezogen werden, um mögliche Systemfehler abzubauen und Verbesserungsvorschläge, die auch von Lieferanten kommen können, zu nutzen.

→ Die Bewertung ist für alle Produktgruppen eines Lieferanten durchzuführen. Eine nach Produktgruppen differenzierte Bewertung ist sinnvoll, wenn unterschiedliche Produkte von einem Hersteller angeliefert werden.

→ Die *Lieferleistung* der Zulieferanten sollte kontinuierlich per EDV erfasst und bewertet werden. Mögliche Fehlerquellen im eigenen Unternehmen sind zu erkennen und auszuschließen. Einige Beispiele sollen dies erläutern:

Zum Liefertermin
- unhaltbare Terminvorgaben (nicht der vorgegebene, sondern der **vereinbarte** Termin ist bei der Bewertung der Terminzuverlässigkeit Vergleichsgrundlage!)
- nachträgliche unabgestimmte Terminänderungen
- nicht dokumentierte mündliche Terminabsprachen

Zur Liefermenge
- unvereinbarte Mengenvorgaben
- nicht dokumentierte mündliche Mengenabsprachen
- häufige Bestelländerungen

Zur Qualität
- nicht abgestimmte technische Änderungen
- nicht dokumentierte Fehlerquote
- nicht festgehaltene Ausschlussquote
- unterlassene Mängelanzeige

→ Eine Beurteilung der *Leistungsfähigkeit* sollte in folgenden Fällen erfolgen:
- vor Erstkauf, modifiziertem Wiederholungskauf
- vor Kauf neuer Produktgruppen
- nach Produktionsverlagerungen
- bei wiederholtem Auftreten von Mängeln

→ Grobe Abweichungen sind nicht kompensierbar.

→ Die Bewertung muss nachvollziehbar (transparent) sein.

→ Die Lieferantenbewertung muss gerecht sein. Dieser Forderung sollte dadurch Rechnung getragen werden, dass

- die Bewertung für alle Lieferanten nach immer gleichen Richtlinien erfolgt,
- teilespezifische Unterschiede wie Baugruppenkomplexität und situative Gegebenheiten wie Termindruck berücksichtigt werden,
- die Bewertung - sofern diese nicht per EDV erfolgt - von einem Beurteilungsteam (s. u.) durchgeführt wird,
- die Ergebnisse dokumentiert werden.

→ Die Bewertungsgrundsätze sind den Lieferanten bekannt zu geben und werden von ihnen akzeptiert.

→ Die Rückinformation der Bewertungsergebnisse aus Lieferleistung an den Lieferanten ist von entscheidender Bedeutung für den angestrebten Effekt einer kontinuierlichen Verbesserung seiner Leistung.

Die Informationsflut sollte intern und extern durch die Beschränkung auf Negativmitteilungen eingegrenzt werden.

3.2 Wer bewertet was?

Diese Frage stellt sich bei EDV-gestützter Bewertung der Lieferleistung nicht: Die in diesem Fall messbaren Kriterien werden automatisch aus Daten ermittelt, die an anderer Stelle im Unternehmen, unabhängig vom Lieferantenbewertungssystem, erfasst wurden, z.B. beim Wareneingang oder im Qualitätsmanagement.

> Im Übrigen müssen Aktualität und Zuverlässigkeit der zu verarbeitenden Daten ohne Einschränkung gewährleistet sein, um Zweifel an der Aussagefähigkeit der ermittelten Bewertungsergebnisse weder intern noch extern aufkommen zu lassen.

Die Bewertung der Leistungsfähigkeit, die sich stets nur auf relativ wenige (strategisch wichtige) Lieferanten erstrecken wird, sollte in der Regel auf der Basis vorgefertigter Checklisten im Team erfolgen, um ein Höchstmaß an Objektivität und Vergleichbarkeit sicherzustellen. In Großunternehmen sollte es bei der Umsetzung dieses Grundsatzes keine personellen Kapazitätsengpässe geben. Auch eine arbeitsteilige Vorgehensweise kann sich anbieten, etwa in der Form:

- Die Qualitätssicherung Kaufteile bewertet Qualitätssystem und Qualitätsbewusstsein.
- Forschung und Entwicklung bewerten Entwicklungspotenzial und -leistung sowie Innovationsbereitschaft.
- Die Produktion bewertet das Verhalten bei Qualitätsproblemen.
- Der Einkauf bewertet Preis- und Kostendisziplin, Kommunikation sowie die Flexibilität des Lieferanten aus seiner Sicht.
- Die Logistik bewertet Lieferflexibilität und Service in Notfällen.

Auch für mittelständische Unternehmen kann es als durchaus zweckmäßig angesehen werden, dass Lieferantenbesuche, die der Lieferantenanalyse dienen sollen, im Team erfolgen. In der Regel nehmen neben dem Einkäufer Techniker aus der Produktion und Entwicklung sowie Mitarbeiter aus der Qualitätssicherung an der Auditierung des Lieferanten teil.

Damit wird auch der Forderung nach einer möglichst gerechten Lieferantenbewertung Rechnung getragen, was auch dadurch geschehen kann, dass mehrere Mitarbeiter aus dem Einkauf (z.B. Facheinkäufer, sein Stellvertreter sowie der Abteilungsleiter) denselben Lieferanten getrennt bewerten.

3.3 Verfahrensrichtlinien

Die Abläufe zur Freigabe und Überwachung von Lieferanten sollten in einer Verfahrensanweisung geregelt werden, wobei - wie in einem konkreten Anwendungsfall - u. U. folgende Gliederungspunkte zu berücksichtigen sind:

1. Einführung
- Definition
- Gruppeneinteilung der Lieferanten
- Liste freigegebener Lieferanten (LfL)
- Lieferantenhistorie

2. Verfahren zur Qualifizierung
- Antrag auf Aufnahme in die LfL
- Beurteilung der prinzipiellen Eignung des potenziellen Lieferanten
- Aufnahme in die LfL
- Erstmuster-Prüfung bei Lieferantengruppen 1-3
- Ausnahmen

3. Überwachung freigegebener Lieferanten
- Permanente Bewertung der prinzipiellen Lieferanteneignung
- Permanente Bewertung bei Lieferantengruppe 1
    - Ermittlung der Q-Zahl
    - Terminwertzahl
    - Qualitätswertzahl
    - Gesamt Q-Zahl
    - Kategorien

- Permanente Bewertung bei Lieferantengruppen 2 und 3
- Permanente Bewertung bei Lieferantengruppe 4 (Dienstleistungen)

4. Verfahren zur Disqualifizierung
- Analyse der Bewertungsergebnisse (Trend, Einflussfaktoren)
- Analyse des Entwicklungspotenzials
- Maßnahmen (z. B. Quotenreduzierung, Ausschluss)

5. Sonstige Regelungen
- K.-o.-Kriterien
- Sensitive Supplier (Lieferant ist auch Kunde)

6. Referenzen

4 Erste Fallstudie:

Das Lieferantenbewertungssystem in einem Unternehmen der Elektroindustrie

Heinrich Orths

4.1 Zum Unternehmen

Das Unternehmen aus der Elektroindustrie gehört zu einer internationalen Unternehmungsgruppe. Der Firmensitz ist Ratingen. Zu den Produkten zählen Schaltgeräte, Schaltanlagen und Komponenten der Mittelspannungstechnik.

Seit vielen Jahren beträgt das Einkaufsvolumen mehr als 50 % vom Verkaufsvolumen. Der Anteil steigt aufgrund von Outsourcingmaßnahmen stetig an.

Mit dem Customer-Focus-Programm hat sich die Unternehmensgruppe bereits vor Jahren eine deutliche Hinwendung zum Kunden zur Unternehmensstrategie gemacht. Die Orientierung am Kunden, am Kundennutzen hat auch durchgreifende Folgen für die Zusammenarbeit mit Lieferanten. In dieser Zusammenarbeit werden die Lieferanten als Partner erkannt und anerkannt. Das setzt nicht nur ein Umdenken in allen Bereichen voraus, sondern erfordert den Einsatz zuverlässiger Instrumente zum gezielten Aufbau strategischer Partnerschaften. Diese gilt es, mit Leben zu erfüllen. Dazu gehört nicht zuletzt die permanente Verbesserung der Produkte und Prozesse. Um das zu erreichen, ist neben dem „guten Willen" von beiden Seiten, vor allem ein leistungsfähiges Lieferantenbewertungssystem erforderlich.

> Für ein zielgerichtetes Lieferantenmanagement ist ein ganzheitliches (integriertes) Lieferantenbewertungs- und -controllingsystem unverzichtbar!

4.2 Das Lieferanten-Spektrum

Das Unternehmen hat Anfang der 90er Jahre mit der systematischen Lieferantenbewertung begonnen. Gemachte Erfahrungen wurden zur Verbesserung und Ausweitung des Lieferantenbewertungssystems genutzt. Inzwischen werden

→ alle Lieferanten mit Langfristverträgen
→ alle Lieferanten mit mehr als 100 TEUR Jahresvolumen und regelmäßigen Bezügen (Material und Leistungen)
→ alle Lieferanten, die speziell unter Umweltaspekten zu betrachten sind

in das Lieferantenbewertungssystem einbezogen.

Diese Kriterien haben dazu geführt, dass mehr als 85 Prozent des Einkaufsvolumens einer systematischen Lieferantenbewertung unterzogen werden. Darüber hinaus wurden die Kriterien so gewählt, dass nur etwa 15 Prozent aller Lieferanten für eine permanente Bewertung in Betracht kommen (konnten). Damit wurde sichergestellt, dass

- nicht - wie irrtümlich angenommen werden kann - möglichst viele Lieferanten, sondern nur die wichtigsten Lieferanten in das Lieferantenbewertungssystem eingebunden werden.

- Mit vertretbarem Aufwand soll letztendlich eine Optimierung des Lieferantenportfolios erreicht werden!

Lieferanten für (kaum wiederholbare) Investitionen fallen ebenso durch dieses Raster wie leicht austauschbare C-Lieferanten. Wenn der Wiederholcharakter fehlt, ist keine Voraussetzung für eine permanente Verbesserung gegeben. Ohne diese macht die Bewertung der Leistung (Lieferantenbewertung) keinen Sinn. Auch ein noch so hoher Auftragswert kann diese Einschätzung nicht infrage stellen.

Bei C-Lieferanten lohnt der Aufwand nicht. In aller Regel werden sich beide Seiten kaum die notwendige Zeit nehmen, einen Verbesserungsprozess einzuleiten und vor allem durchzuhalten. Eher wird man sich bei ernsthaften Problemen trennen.

4.3 Standardisierung der Anforderungskriterien

Bei Einführung der Lieferantenbewertung wurde zunächst ein einfaches System genutzt. Gemessen wurden lediglich die Kriterien

- Qualität (Lieferqualität)
- Termineinhaltung
- Kosten (Preisniveau)

Unter- bzw. Teilkriterien wurden nicht vorgesehen. Die einfache Struktur, nachvollziehbare Bewertungen/Einschätzungen führten innerhalb kürzester Zeit zur Akzeptanz. Gerade diese ist sowohl bei den „betroffenen" Mitarbeitern des eigenen Unternehmens wie auch bei den Lieferanten von großer Bedeutung.

> Akzeptanz ist der Schlüssel zum Erfolg.

Ein anscheinend perfektes, weil komplexes System, das nur mit hohem Aufwand betrieben werden kann, das nur schwerlich nachvollziehbare Informationen liefert, stößt in der Regel auf Ablehnung und wurde daher von vornherein nicht als Messlatte für das eigene System ins Auge gefasst.

Die sinnvolle Erweiterung des Systems wurde hingegen durch den maßvollen Zuschnitt der ursprünglichen Version erleichtert. Auch der durch die Erweiterung ausgelöste Mehraufwand wurde akzeptiert.

Inzwischen wurde das Lieferantenbewertungssystem auf fünf Hauptkriterien ausgedehnt, die durch Teilkriterien untersetzt sind. Haupt- und Teilkriterien werden - wie in Abbildung 18 dargestellt - gewichtet.

Die Zuordnung der jeweiligen Gewichtungsprozentsätze folgt der Unternehmensstrategie. So wurden Haupt- und Teilkriterien im Laufe der Jahre mehrfach den veränderten Gegebenheiten und Erfordernissen angepasst. Nicht zuletzt der permanente Verbesserungsprozess in der Zusammenarbeit mit Lieferanten hat zu einer gleichgewichtigen Bewertung von Qualität, Lieferung und Kosten geführt.

Hauptkriterium	Gewicht	Teilkriterien	Gewicht
1. Qualität	40 %		
2. Lieferung	30 %		
		2.1 Liefertreue	70 %
		2.2 Lieferzeit	15 %
		2.3 Mengentreue	5 %
		2.4 Lieferflexibilität	10 %
3. Kosten	20 %		
		3.1 Preistransparenz	15 %
		3.2 Preisverhalten	25 %
		3.3 Preisniveau	25 %
		3.4 Total Cost	35 %
4. Service	5 %		
		4.1 Reaktion auf Anfragen	30 %
		4.2 EDV	20 %
		4.3 Auftragsabwicklung	30 %
		4.4 Ersatzteilversorgung	20 %
5. Allgemein, Management	5 %		
		5.1 Know-how	40 %
		5.2 Umwelt	30 %
		5.3 Geschäftspolitik	30 %

Abbildung 18: Gewichtete Haupt- und Teilkriterien

4.4 Das Bewertungsverfahren

Soweit möglich sollen die Teilkriterien auf messbaren Fakten beruhen. Wenn dieses nicht, oder nur mit unverhältnismäßig hohem Aufwand zu bewerkstelligen ist, kann die Messung durch eine qualifizierte Schätzung ersetzt werden.

Bei den messbaren Teilkriterien wird auf vollautomatische bzw. teilautomatische Auswertungen zurückgegriffen.

Einschätzungen erfolgen auf der Basis eines Punktbewertungsverfahrens mit einer festgeschriebenen Skalierung 10, 30, 50, 80, 90 und 100 Punkten. Um die Bewertungssystematik transparent zu gestalten und den Lieferantenbewertungsprozess zu vereinfachen und weitestgehend zu objektivieren, wurde im System Bewertungstableaus hinterlegt. Aus diesen geht - wie Abbildung 19 illustriert - eindeutig hervor, bei welchem Erfüllungsgrad der definierten Messgrößen welche Punktzahl zu vergeben ist.

Lieferantenbewertungssystem

Lieferant:	
Bewertungszeitraum:	
Bewertet von:	Abtlg.: DECMS/ Stand: Name

BEURTEILUNGS-KRITERIEN	MESSGRÖSSEN	ERFÜLLUNGSGRAD 1	2	3	4	5	6
Punkte		10	30	50	80	90	100
Kosten	**(20 %)**						
Preistransparenz (15 %)	Einblick in die Preiskalkulation	kein Einblick	Pauschalpreise mit grober Aufschlüsselung	unbegründete Aufschlüssel. in Kostenblöcken	transparentes Angebot aller Leistungskomponenten	teilweise Einblick in Kalkulation	detaillierter Einblick in die Kalkulation
Preisverhalten (25 %)	Preise des Anbieters im Verhältnis zum durchschnittlichen Marktpreis	> 10% darüber	< 10% darüber	< 5% darüber	marktgerecht (+/- 1%)	< 5% darunter	> 5% darunter
Preisniveau (25 %)	Preissteigerungsrate im Verhältnis zum Branchenindex	> 10% darüber	< 10% darüber	< 5% darüber	entspricht Branchenindex (+/- 1%)	< 5% darunter	> 5% darunter
Total Cost (TC) (35 %)	Grad der Einflußnahme auf Gesamtkosten, d.h. Kosten der gesamten Wertschöpfungskette Lieferant/Kunde	keine Initiative	Auseinandersetzung mit TC-Ansätzen	Erste aktive Einflußnahme auf TC-Blöcke	erste Zusammenarbeit zu TC-Reduzierungen	TC-Aktivitäten intensiver als beim Wettbew.	vorbildliche Kooperation zur Reduzierung von Gesamtkosten

Abbildung 19: Bewertungstableau für den Kriterienblock „Kosten“

Die Bewertung der messbaren Teilkriterien kommt in aller Regel rechnergestützt zustande. Hierzu zwei Beispiele:

Lieferqualität:
Jede Lieferung, die aufgrund einer Bestellung erfolgt, wird beim Wareneingang erfasst. Sie gilt solange als einwandfrei, bis ggf. durch die Wareneingangsprüfung oder zu einem späteren Zeitpunkt eine Beanstandung ausgelöst wird.

Die Einzelbewertung erfolgt nach folgendem Schema:

- einwandfrei: 100 Punkte
- geringe Fehler oder teilweise fehlerhaft: 50 Punkte
- nicht verwendbar, zurückzuweisen: 0 Punkte

Die Erfassung erfolgt über das Qualitätssystem rechnergestützt und nachvollziehbar. Ein Mehraufwand für das Lieferantenbewertungssystem ist nicht gegeben.

Aus den Einzelbewertungen wird eine Summe gebildet, diese wird durch die Anzahl der Einzelbewertungen dividiert. Der Wert stellt die Bewertung für das Teilkriterium Lieferqualität dar, die anteilig in das Hauptkriterium Qualität eingeht (vgl. Abbildung 18).

Liefertreue:
Jede Lieferung wird zum Zeitpunkt des Wareneingangs bewertet. Hierbei wird der Tag der Wareneingangsbuchung mit dem vereinbarten Soll-Liefertermin verglichen. Die Einzelbewertung erfolgt nach folgendem Schema:

- pünktlich (in der Toleranz): 100 Punkte
- innerhalb der erweiterten Toleranz (zu früh oder zu spät): 50 Punkte
- außerhalb der erweiterten Toleranz: 0 Punkte

Erfassung und Auswertung erfolgen vollautomatisch durch den Rechner (ERP-System). Alle Einzelinformationen sind und bleiben verfügbar. Ein Mehraufwand für Erfassung und Auswertung ist nicht gegeben.

Aus den Einzelbewertungen wird eine Summe gebildet. Diese wird durch die Anzahl der Einzelbewertungen dividiert. Das Ergebnis ist die Bewertungszahl für das Teilkriterium Liefertreue. Das Bewertungsergebnis fließt anteilig in die Bewertungszahl für das Hauptkriterium „Lieferung“ ein (vgl. Abbildung 18).

Andere Teilkriterien entziehen sich einer quantitativen Beurteilung (Messung). Sie sind daher einzuschätzen.

Kosten:
Die Bewertung der Teilkriterien erfolgt durch die verantwortlichen Mitarbeiter auf der Basis eines Bewertungstableaus (vgl. Abbildung 19) mindestens einmal jährlich. Die Bewertungsergebnisse fließen anteilig in die Bewertung des Hauptkriteriums ein. Das Teilkriterium „Total Cost“ wird hierbei besonders hoch bewertet. Damit wird die Bedeutung der Mitwirkung von Lieferanten an gemeinsamen Kostensenkungsmaßnahmen besonders gewürdigt. Tragen doch besonders solche Maßnahmen nachhaltig zur Kostensenkung bei.

Allgemein:
Die Teilkriterien dieses Hauptkriteriums sind ausnahmslos mithilfe des Bewertungstableaus einzuschätzen. Auf welche Weise sollte sonst die Bewertung des Lieferanten Know-hows erfolgen? Eine objektive Messung erscheint nicht möglich. Andererseits ist ausgeprägtes Lieferanten Know-how (z. B. als Technologieführer) als Basis für eine strategische Partnerschaft eine unverzichtbare Vorraussetzung, so dass trotz der Bewertungsproblematik einzuschätzen ist, ob und inwieweit der zu beurteilende Lieferant diese Anforderung erfüllt.

Für die zu bewertenden Lieferanten sollte die Bewertung einmal jährlich durchgeführt und im Laufe des ersten Quartals des Folgejahrs mit den Lieferanten kommuniziert werden. Es hat sich jedoch herausgestellt, dass eine vierteljährliche Bewertung Sinn macht. So kann zeitnah auf Veränderungen reagiert werden. Verschlechterungen wird frühzeitig entgegengewirkt; Verbesserungen werden stabilisiert und - wenn die Möglichkeit dazu gegeben ist - weiter ausgebaut.

Die Information an die Lieferanten hat schriftlich zu erfolgen. Nach Möglichkeit sollen die Ergebnisse in einem persönlichen Gespräch diskutiert werden.

4.5 Konsequenzen aus der Bewertung

Die Bewertung der wichtigen Lieferanten soll der permanenten Verbesserung dienen. Sie ist also auf die Erzielung bestimmter Erkenntnisse ausgerichtet, die Folgen zeitigen sollen. Der Leistungsbeitrag der Lieferanten soll in der Summe verbessert werden. Dazu gehört die Verbesserung der Leistungen der einzelnen Lieferanten ebenso wie die Trennung von „Unverbesserlichen".

So genießt die Betrachtung der Lieferanten am unteren Leistungsspektrum besondere Bedeutung. Die Sperrung von Lieferanten greift bei

- weniger als 50 Punkten in einem Hauptkriterium
- weniger als 75 Punkten in der Gesamtbewertung

Genau betrachtet wird der betroffene Lieferant nicht gesperrt, er sperrt sich selbst durch unzureichende Leistung. Sofern bei einem „betroffenen" Lieferanten hinreichendes Verbesserungspotenzial gesehen wird, kann die Sperrung ausgesetzt werden. Diese Maßnahme setzt jedoch die Erstellung und Vereinbarung eines Verbesserungsplans voraus, der konkrete, zeitlich und quantitativ messbare Ergebnisse vorsieht.

Es hat sich gezeigt, dass die klare Ansprache von Defiziten und die spätestens nach Ablauf einer bestimmten Frist hierauf folgenden Maßnahmen in der Regel zu den gewünschten Ergebnissen führen. Einzelne Lieferanten wechseln nach einer derartigen Schockwirkung vom Schlusslicht nahezu an die Spitze der Tabelle.

Unverbesserliche Lieferanten sind durch geeignete Maßnahmen aus dem Lieferanten-Spektrum auszuschließen.

Im Gegensatz dazu ist es Teil einer zielführenden Lieferantenpolitik Lieferanten, die überdurchschnittliche Leistungen erbracht haben, zu fördern. Ohne Zweifel ist in diesem Fall der Ausbau der Geschäftsbeziehungen eine sinnvolle Strategie. Allerdings stößt diese bei einer 100 %igen Konzentration des Bedarfs auf „ein und denselben" Lieferanten an natürliche Grenzen.

Wertschätzung spiegelt sich jedoch nicht nur in Umsätzen wider. Eine ansprechende Möglichkeit, diese zu zeigen, ist die Auszeichnung von „Lieferanten des Jahres". Dieses Instrument, das in zunehmendem Maße von Unternehmen eingesetzt wird, ist fast so alt wie das Lieferantenbewertungssystem selbst. Es wird von allen Beteiligten als bewährte und fortzuführende Methode der Anerkennung angesehen.

Als Regulativ für die Bestimmung der Spitzenlieferanten wurde im Rahmen des zugrunde liegenden 100-Punkte-Verfahrens eine Mindestpunktzahl von 95 Punkten festgelegt. Diese Klassifizierungsgrenze wurde stets von einer Anzahl von Lieferanten (in den letzten Jahren von 12 Lieferanten) erreicht, so dass sie als „Lieferanten des Jahres“ geehrt und ausgezeichnet werden konnten. Im Rahmen einer Feierstunde wurde die Urkunde überreicht.
Einige Lieferanten können bereits auf eine „Trophäen-Sammlung“ verweisen. Aber auch diese müssen sich jedes Jahr aufs Neue bewähren.

Häufig wird die Ansicht geäußert, ein prämierter Lieferant ließe vielleicht in seinen Bemühungen nach. Die gemachten Erfahrungen widersprechen dieser Ansicht. Gerade diese Lieferanten tun ihr Bestes, im Folgejahr wieder dabei zu sein, wenn die Auszeichnungen übergeben werden.

4.6 Resümee

Das Lieferantenbewertungssystem folgt dem Grundsatz „Keep it Simple“. Es hat sich als anwenderfreundlich erwiesen. Die Bewertungsergebnisse werden im Allgemeinen von den in das Lieferantenbewertungssystem einbezogenen Lieferanten als gerecht empfunden und daher akzeptiert.

In der Anfangsphase gab es Diskussionen über die Gleichbehandlung der einbezogenen Lieferanten. Kann und darf man einen Stahlhändler den gleichen Kriterien unterwerfen wie eine Gießerei? Müssen für Service-Unternehmen nicht völlig andere Kriterien gelten?

Manches braucht seine Zeit. Inzwischen haben leistungsfähige Gießereien manchen Stahlhändler ausgestochen. Auch Serviceunternehmen akzeptieren Qualitäts- und Terminkriterien. Die Gleichbehandlung hat positive Impulse gegeben und gerade bei den scheinbar benachteiligten Kräfte freigesetzt.

> Obwohl im Laufe der Zeit Kriterien verschärft und zulässige Toleranzen eingeschränkt wurden, weist die durchschnittliche Leistung der Lieferanten ständige Verbesserung auf.

Die Messung dieser Leistung, die kontinuierliche Lieferantenbewertung hat den Charakter eines Controlling angenommen, in das nicht nur die Bewerteten (= Lieferanten), sondern auch die Bewertenden (strategischen Einkäufer) einbezogen sind. Aus der gegebenen Situation werden Ziele abgeleitet, die vereinbart und deren Einhaltung regelmäßig überwacht werden.

> Verbesserungen ergeben sich nicht zufällig. Zumindest dürfen sie nicht dem Zufall überlassen werden. Es ist vielmehr notwendig, sie einem gezielten Controlling zu unterziehen. Dies gilt auch für die Lieferantenbewertung. [1]

---

[1] Die Controllingmöglichkeiten im Rahmen der Lieferantenbewertung sind vom Verf. ausführlich verzeichnet in „Einkaufscontrolling - Tipps und Tools für den Erfolg", a.a.O. - Siehe auch H. Hartmann, Lieferantenmanagement, a.a.O., S. 93 ff.

5 Zweite Fallstudie Das Lieferantenbewertungssystem der G. Kromschröder AG

Hans-Joachim Pahl

5.1 Einleitung

Das Lieferantenbewertungssystem "LBS" ist das Ergebnis einer Analyse, die von den Firmen Elster AG Meß- und Regeltechnik, Mainz und G. Kromschröder Aktiengesellschaft (im folgenden Kromschröder AG genannt), Osnabrück, in Zusammenarbeit mit dem Fachbereich Wirtschaft der Fachhochschule Kiel im Rahmen eines Projektes durchgeführt wurde.[1]

Das System zur systematischen und permanenten Lieferantenbewertung wurde gemeinsam für beide Firmen entwickelt und programmiert. Im folgenden werden der Projektverlauf, der Aufbau des Systems und die bei der Kromschröder AG erreichten Ergebnisse dargestellt.

Das Lieferantenbewertungssystem wurde als Controlling-Instrument zur Steuerung und Überwachung bestehender Lieferantenbeziehungen konzipiert. Die Auswahl geeigneter Neulieferanten wird davon nicht berührt. Doch fließen die Ergebnisse aus dem Bewertungssystem in lieferantenbezogene Entscheidungsprozesse - beispielsweise beim modifizierten Wiederholungskauf - ein.

5.1.1 Das Unternehmen

Die G. Kromschröder Aktiengesellschaft ist ein Unternehmen der metallverarbeitenden Industrie auf dem Gebiet der Gas-, Mess- und Regeltechnik. Die Elster AG hält eine Beteiligung von 92 % an der Kromschröder AG. Sie gehört zum Konzern der E.ON AG, Düsseldorf. Zusammen mit Elster bildet Kromschröder

---

[1] Im Rahmen des von Prof. Dr. H. Hartmann unterstützten und moderierten Projektes wurde von Holger May eine Diplomarbeit erstellt, um den Ist-Zustand zu erfassen und Vorschläge zur Entwicklung eines LBS zu entwickeln. Der Aufbau des „klassisch“ zu benennenden Lieferantenbewertungssystems kann nach wie vor als richtungsweisend für vergleichbare Projektintentionen angesehen werden.

eine Unternehmensgruppe mit weiteren in- und ausländischen Beteiligungsgesellschaften und mehr als 2000 Mitarbeitern.

Die Produktpalette gliedert sich in den Bereich Gasversorgung mit Gaszählern für Haushalt und Gewerbe sowie den Bereich Gasverwendung mit Sicherheitsgeräten für die Regelung, Sicherung und Steuerung von Gasen.

Im Jahr 2003, dem 138. Jahr der Unternehmensgeschichte, beschäftigte die G. Kromschröder AG 871 Mitarbeiter, davon ca. 541 im gewerblichen Bereich. Mit seinen Mitarbeitern erreichte das Unternehmen einen Umsatz von 144,6 Mio. Euro.

5.1.2 Der Einkauf und die Disposition

Dem Einkauf obliegen die Aufgaben, für alle Rohstoffe, Halbfabrikate, Handelswaren, Investitionsgüter und Dienstleistungen, die das Unternehmen benötigt,

- zuverlässige und preisgünstige Bezugsquellen zu finden,
- Angebote auszuwerten,
- Rahmenverträge zu vereinbaren,
- Bestellungen an die Lieferanten auszulösen und
- die Ergebnisse der Lieferantenbewertung in die Einkaufsentscheidung einzubeziehen.

Gleichfalls versteht sich der Einkauf als Serviceabteilung, um für die anderen Bereiche des Unternehmens

- Kontakte zu den Lieferanten herzustellen und
- Empfehlungen für die Auswahl geeigneter Lieferanten zu geben.

Die Abteilung besteht aus dem Einkaufsleiter und zwei Mitarbeitern.

Die Disposition als "Dreh- und Angelpunkt" innerhalb der Materialwirtschaft hat die Aufgaben

- den Auftrag gemäß Kundenwunsch in die Produktion einzuplanen, verbunden mit der Montagefeinplanung,
- die daraus resultierenden Bedarfe mit Menge und Termin zu ermitteln,
- Bestellungen für externe Teile anzufordern,

- Fertigungsaufträge für interne Teile zu planen,
- Lieferabrufe aus Rahmenverträgen zu tätigen und
- die Einhaltung von Liefer- bzw. Fertigungsterminen zu überwachen.

5.1.3 Die Lieferanten

Der Materialaufwand von 57,3 Mio. € für bezogene Waren und 3,8 Mio. € für Dienstleistungen hatte 2003 einen Anteil von ca. 42 % am Umsatz des Unternehmens. Das Beschaffungsvolumen wurde mit 1770 Lieferanten abgewickelt.

Die Lieferantenstruktur stellte sich 2003 im Rahmen einer ABC-Analyse wie folgt dar:

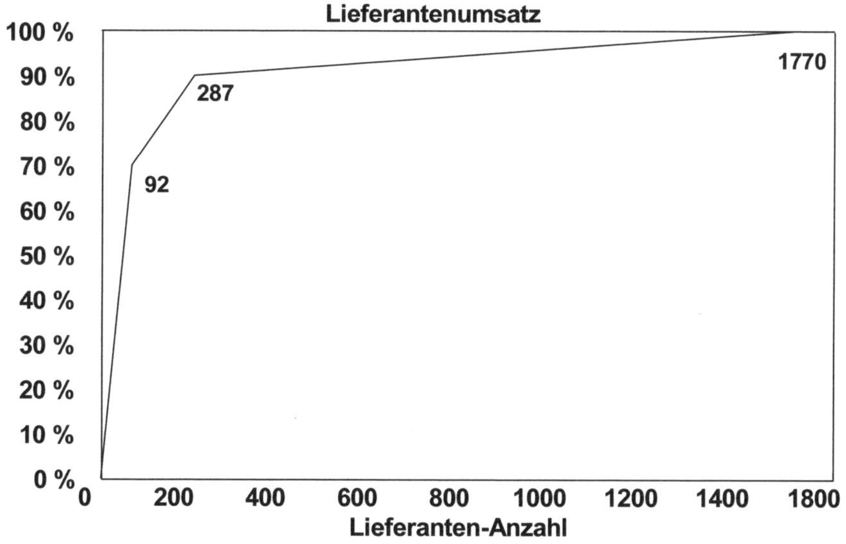

Abbildung 24: ABC-Analyse der Lieferanten

Mit 92 Lieferanten wurde demnach ein Umsatz-Anteil von 70 % erzielt, mit weiteren 186 Lieferanten ein Anteil von 20 % und mit den verbleibenden 1492 Lieferanten ein Anteil von nur 10 %.

5.1.4 Das Teile-Spektrum

Die Materialien, die das Unternehmen für die Produktion bei seinen Lieferanten bezieht, lassen sich in verschiedene Artikelgruppen einteilen. Die Gruppen und deren Anteil in Prozent am Lieferantenumsatz zeigt die folgende Übersicht:

- Blech / Stahl	7,5 %
- Gussteile	10,0 %
- Dreh- und Stanzteile	4,5 %
- Rohre	1,0 %
- Bunde und Flanschen	0,5 %
- Drahtbiegeteile	0,5 %
- Befestigungselemente	1,0 %
- Kunststofffertigteile	16,5 %
- Gummidichtungen	2,5 %
- Membranen	8,0 %
- Elektronische Bauelemente	10,0 %
- Keramikteile	0,5 %
- Verpackungen	1,0 %
- Handelsware	13,5 %
- Investitionen	6,5 %
- Sonstiges (Hilfs- und Betriebsstoffe)	16,5 %

5.1.5 Das DV-System

Die betrieblichen Abläufe im Hause Kromschröder wurden bis 1996 durch individuell gestaltete Dialoganwendungen unterstützt. Im Bereich PPS/Materialwirtschaft, für die Anwendungen des Vertriebes, der Disposition, der Beschaffung, der Bestandsführung und der Fertigungsauftrags- und Kapazitätsplanung wurden eigenentwickelte Applikationen eingesetzt. Für die Werkstattsteuerung/BDE sowie die Bereiche der Administration mit Anlagen- und Finanzbuchhaltung, der Kostenrechnung und der Personalabrechnung war Standard-Software im Einsatz.

Als Hardware standen 2 Großrechner der Firma Hewelett Packard der Serie 3000/950 bzw. 948 und ein Rechner der Serie 1000 zur Verfügung. Außerdem waren ca. 70% der Anwenderarbeitsplätze mit PC's ausgestattet, die größtenteils auch vernetzt waren. Unter der Oberfläche "Windows" wurde sowohl PC-

Standardsoftware zur Verfügung gestellt, wie auch die Bürokommunikation "HPDesk", um auf dem Großrechner die jeweiligen Applikationen zu benutzen.

Heute wird seit dem 01.10.95 in einem Werk und seit dem 01.11.96 in allen Werken die Standardsoftware SAP R/3 eingesetzt.

5.2 Das Projekt Lieferantenbewertung

Im Jahr 1988 startete das Projekt Lieferantenbewertung. Zu dieser Zeit trat das Qualitätsbewusstsein immer stärker in den Vordergrund. Nicht mehr ausschließlich der Preis bestimmte die Wahl des Lieferanten, sondern Faktoren wie Qualität, Mengen- und Terminzuverlässigkeit hatten zunehmend an Entscheidungsrelevanz gewonnen.

5.2.1 Projektverlauf / Aufwand

Der Projektverlauf gliederte sich in folgende Phasen:

Analyse	Sommer 88	1 Monat
Sollkonzept	Winter 88/89	2 Monate
DV-Konzept	Frühjahr 89	2 Monate
Programmierung	Sommer 89	4 Monate
Test	Herbst 89	2 Monate
Einführung Version 1	Herbst 89	1 Monat
Datensammlung	1990	2 Monate
Anwendung	1991	2 Monate
Weiterentwicklung	Sommer 91	2 Monate
Einführung Version 2	Herbst 91	1 Monat

An dem Projekt waren mehrere Mitarbeiter mit unterschiedlichem Anteil ihrer Arbeitsleistung beteiligt, so dass der Aufwand in Monaten einem Schätzwert für einen Mitarbeiter entspricht.

5.2.2 Ausgangssituation

Die Warenlieferungen wurden im Wareneingang angenommen, identifiziert, mit der zentralen Datenverarbeitung erfasst und dann in den Wareneingangsbestand übernommen. Ein Wareneingangsbeleg wurde erstellt. Der Beleg ging mit der Ware in die Wareneingangskontrolle, in der die Überprüfung nach Qualität und Quantität erfolgte. Das Ergebnis der Eingangskontrolle wurde in ein Kontrollblatt eingetragen. Bei festgestellten Mängeln wurde ein Mängelbericht geschrieben. Der Einkauf wurde über den Mangel informiert. Ware, die nicht zu verwenden war, wurde an den Lieferanten zurückgeschickt. Die benötigten Papiere wurden mit einem PC erstellt.

Die Kontrollergebnisse wurden vom Einkauf in der Regel nur dann genutzt, wenn schwerwiegende Mängel auftraten und der Lieferant von der Qualitätssicherung über den Einkauf zur Mängelbeseitigung aufgefordert wurde. Daten über Mengenabweichungen gingen völlig verloren. Terminabweichungen wurden ebenfalls nur in Ausnahmefällen bekannt, nämlich dann, wenn wiederkehrende Probleme mit der Terminzuverlässigkeit von der Disposition dem Einkauf vorgetragen wurden. Lediglich die Anzahl der Mahnungen pro Bestellung wurden im DV-System gespeichert und standen als Information unmittelbar zur Verfügung.

Aussagen des Einkaufs über die Leistung eines Lieferanten hinsichtlich Qualität, Mengen- oder Terminzuverlässigkeit waren nur pauschal möglich und entsprachen in erster Linie der persönlichen Einschätzung des Einkäufers. Eine Übersicht der beanstandeten Lieferungen und statistische Auswertungen nach Fehlerschwerpunkten standen nicht zur Verfügung. Vergleiche der Leistungsprofile einzelner Lieferanten untereinander konnten nicht durchgeführt werden.

5.2.3 Problemstellung

Eine Vielzahl unstrukturierter Informationen und die oft zitierte "mangelnde Zeit" zwingen den Einkäufer zu einer Entscheidung für oder gegen einen Lieferanten aus überwiegend subjektiver Sicht. So kann es passieren, dass der ausgewählte Lieferant sich im nachhinein nicht als beste Bezugsquelle herausstellt. Eine fundierte Entscheidung für einen Lieferanten ist nur mit Hilfe einer strukturierten Analyse mit den dafür notwendigen systematisch gesammelten Daten möglich.

Kann wegen mangelnder Qualität eine Lieferung nicht verwendet werden, wird zu spät oder eine zu geringe Menge geliefert, dann kann dies zu Störungen in nachgelagerten Bereichen führen oder zumindest einen erheblichen Aufwand verursachen, um den Mangel zu beseitigen. Die hiermit verbundenen Kosten sind nur schwer quantifizierbar, so dass sie dem Lieferanten nicht in voller Höhe in Rechnung gestellt werden können.

Die Zuverlässigkeit eines Lieferanten hat auch Auswirkungen auf die Disposition der betroffenen Teile. Besteht die Wahrscheinlichkeit von Lieferabweichungen, muss dieses Risiko über erhöhte Sicherheitsbestände abgedeckt werden. Höhere Bestände bedeuten dann auch höhere Kosten.

5.2.4 Zielsetzung

Ziel des Projektes war es, die Leistungsdaten der Lieferanten systematisch zu erfassen und nach einheitlichen Kriterien zu bewerten. Dem Einkäufer sollte eine Datenbasis zur Verfügung gestellt werden, mit der eine subjektive Entscheidung zur Lieferantenbeurteilung objektiviert werden kann. Er sollte die Möglichkeit erhalten, sich über die Stärken und Schwächen eines Lieferanten im Dialog zu informieren und die Daten mit denen anderer Lieferanten zu vergleichen.

Im Sinne einer partnerschaftlichen Beziehung zum Lieferanten sollte auch dem Lieferanten eine Informationsbasis zur Verfügung gestellt werden, die ihm einen Überblick darüber gibt, bei welchen Lieferungen bzw. Teilen Fehler oder Abweichungen aufgetreten sind. Nur so hat er die Möglichkeit, seine Leistung zu verbessern.

Neben den Leistungsdaten sollte bei Qualitätsmängeln auch die Fehlerart abrufbar gespeichert werden, um wiederkehrende Probleme transparent zu machen und auswertbar zu dokumentieren.

Die Belegerstellung für externe Papiere sollte über ein Kromschröderformular ein einheitliches Layout erhalten.

5.2.5 Anforderungen an das DV-System

Die Leistungen der Lieferanten sollten im Rahmen einer permanenten und systematischen Bewertung der Lieferleistung nach drei Kriterien ermittelt werden. Als Kriterien wurden festgelegt:

- Qualitätsniveau
- Mengentreue
- Termintreue

Die dafür benötigten Daten sollten mit Hilfe der zentralen DV erfasst, verwaltet, aufbereitet und in Form eines Informationssystems allen betroffenen Stellen zur Verfügung gestellt werden.

Der Preis spielt bei der permanenten Leistungsbewertung eine untergeordnete Rolle. Er kann als zusätzliches Entscheidungskriterium bei gleich guten Lieferanten herangezogen werden.

Der Preis ist häufig eine Verhandlungssache und muss im Zusammenhang mit den Lieferkonditionen gesehen werden. Bei der Kromschröder AG ist der Preis für eine Vielzahl von Teilen für mindestens ein Jahr über Rahmenverträge festgeschrieben. Daher ist er als Bewertungskriterium zur systematischen Bewertung im Sinne des Lieferantencontrolling nicht geeignet.

5.2.5.1 Software-Anforderungen

Als Anforderungen an die Software für ein DV-System wurden folgende Funktionen definiert:

- Dialoganwendung zur Erfassung der Qualitätsdaten für die Eingangskontrolle.
- Dialoganwendung zur Verwaltung von Wareneingangsvermerken durch die Eingangskontrolle.
- Dialoganwendung zur Abwicklung der Retouren an Lieferanten durch die Eingangskontrolle mit
  - Textbearbeitung und
  - Belegerstellung.
- Auskunftsdienst über Wareneingänge und deren Qualitätsbewertung.
- Berechnung der Mengenabweichung automatisch durch das Wareneingangsmodul.
- Berechnung der Terminabweichung automatisch durch das Wareneingangsmodul.
- Auswertung als Vorschlagsliste der zu bearbeitenden Qualitätsbeanstandungen durch den Einkauf.
- Dialoganwendung zur Abwicklung der Qualitätsbeanstandungen durch den Einkauf mit
  - Textbearbeitung und
  - Belegerstellung.
- Dialoganwendung zur Erstellung einer Belastungsanzeige bei interner Nacharbeit und Retouren durch den Einkauf.
- Auskunfts- und Analysemodul über die Lieferantenbewertung mit Druckfunktion.

Die Anforderungen wurden in zwei Schritten, also mit zwei Versionen realisiert. Die zweite Version unterscheidet sich von der ersten Version durch die Ergänzung

- der Funktion "Belastungsanzeige bearbeiten",
- der Möglichkeit, mehrere Beanstandungen unabhängig von der Schwere und vom Zeitpunkt der Prüfung pro Wareneingang zu erfassen,
- der Gewichtung der Qualitätsnote mit der beanstandeten Menge,
- der Eingabe von Retour-Versandart und -Versandadresse.

Mit der zweiten Version wurden zum Teil auch Anforderungen realisiert, die in der Zwischenzeit als Neu-Anforderungen (die drei zuletzt genannten) durch die Anwender definiert wurden.

5.2.5.2 Hardware-Anforderungen

An die Hardware-Ausstattung wurden folgende Anforderungen gestellt:

- Ein Terminal zur Erfassung und Auskunft der Qualitätsdaten in der Eingangskontrolle.
- Ein Drucker in der Eingangskontrolle für die Belegerstellung.
- Ein Drucker im Einkauf für die Belegerstellung.

Für die Hardware-Ausstattung wurde ein Investitionsvolumen von ca. 2500,-- Euro veranschlagt.

5.3 Das Lieferantenbewertungssystem - "LBS"

Bei der Entscheidung für die Form der Leistungsbewertung wurde auf ein einfaches System Wert gelegt, um gerade in der Anfangsphase die Berechnung der Indizes nachvollziehen zu können.

- Ein Notensystem von 1 bis 5 als Index gewährleistet die nötige Transparenz, um Schwachstellen schnell zu erkennen und Vertrauen in die Berechnung beim Anwender und beim Lieferanten zu wecken.

5.3.1 Beschreibung und Berechnung der Indizes

Alle Wareneingänge werden nach dem einheitlichen Notensystem von 1 bis 5 bewertet. Errechnet wird ein Einzel- und ein Gesamtindex für jedes einzelne Bewertungskriterium einer Lieferung und für die Lieferung selbst. Der Gesamtindex wird als arithmetisches Mittel der Einzelnoten über eine definierte Anzahl von Lieferungen berechnet. Aus dem Ergebnis der Bewertung ergeben sich Indizes für:

- Qualität (Qualitätsindex und Qualitätsgesamtindex),
- Menge (Mengenindex und Mengengesamtindex),
- Termin (Terminindex und Termingesamtindex),
- Lieferung (Lieferindex und Liefergesamtindex).

Mit den Gesamtindizes erhält der Einkäufer einen Vergleichsparameter zur Beurteilung einzelner Lieferanten untereinander.

5.3.1.1 Qualitätsindex

Die Noten bei der Qualitätsindex-Berechnung haben folgende Bedeutung:

Note 1 Ohne Fehler
- die Teile entsprechen voll den Spezifikationen und Anforderungen,
- die Prüfung nach AQL[1] wurde bestanden,
- die Teile sind verwendbar.

Note 2 Unsachgemäßer Anlieferzustand
- die Teile weisen Fehler auf,
- die Teile sind verwendbar,
- die Prüfung nach AQL wurde bestanden,
- die Qualität ist nicht beeinträchtigt,
- es wird kein zusätzlicher Aufwand verursacht.

[1] Der AQL-Wert (Acceptable Quality Level / annehmbare Qualitätsgrenzlage) ist die Fehlermenge in Prozent, bei der eine Lieferung noch angenommen wird. Eine Stichprobenprüfung nach AQL wird bei der Kromschröder AG für alle Teile durchgeführt, für die auf der Zeichnung ein AQL-Wert vorgesehen ist und die nach mindestens einer Bemusterung freigegeben worden sind.

Note 3 Fehler
- die Teile weisen Fehler auf,
- die Teile sind bedingt verwendbar,
- die Prüfung nach AQL wurde nicht bestanden,
- es erfolgt eine Sonderfreigabe,
- zusätzlicher Aufwand wird verursacht.

Note 4 Fehler mit interner Nacharbeit
- die Teile weisen schwerwiegende Fehler auf,
- die Teile sind durch interne Nacharbeit verwendbar,
- die Prüfung nach AQL wurde nicht bestanden,
- aus Termin- oder sonstigen Gründen wird die Lieferung nicht abgewiesen,
- zusätzlicher Aufwand wird verursacht.

Note 5 Fehler mit Retour an Lieferanten
- die Teile weisen schwerwiegende Fehler auf,
- die Teile sind nicht verwendbar,
- die Prüfung nach AQL wurde nicht bestanden,
- die Teile werden zur weiteren Verfügung an den Lieferanten zurückgeschickt.

Bei der Berechnung des Qualitätsindex (QI) wird die Menge (M) mit der Note (N) gewichtet und der Liefermenge (LM) gegenübergestellt. Die Menge ohne Fehler wird mit '1' gewichtet. Werden mehrere Fehler unterschiedlicher Schwere (Note) und Menge eingegeben, so werden die gewichteten Einzelbewertungen addiert. Die Summe der beanstandeten Mengen kann nicht größer als die Liefermenge sein.

Formel:

$$QI = \frac{(M_1 \cdot N_1) + (M_2 \cdot N_2) + \ldots + (M_n \cdot N_n)}{LM}$$

Beispiel:

$$QI = \frac{(20 \cdot 5) + (30 \cdot 4) + (50 \cdot 1)}{100}$$

$QI = 2{,}7$

Der Qualitätsgesamtindex (QI_g) wird wie folgt berechnet:

Formel:

Beispiel:

$$QI_g = \frac{QI_1 + QI_2 + QI_3 + \ldots + QI_n}{n}$$

$$QI_g = \frac{2{,}7 + 1{,}8 + 5{,}0 + 1{,}0}{4}$$

$QI_g = 2{,}6$

5.3.1.2 Fehlerart

Die Qualitätsnote wird über die Fehlerart näher spezifiziert. Sie dient dazu, Fehlerschwerpunkte zu verdeutlichen und ermöglicht statistische Auswertungen. Folgende Fehler sind definiert:

Fehler	0	Sonstiges (nicht näher beschrieben)
	1	Fehlerhafte Verpackung / Abfüllung
	2	Unsauberer Anlieferzustand
	3	Unzureichende Kennzeichnung
	4	Nicht ausreichende Oberflächengüte
	5	Vergratung
	6	Abweichung von der geometrischen Spezifikation
	7	Abweichung von der technologischen Spezifikation
	8	Undicht

5.3.1.3 Qualitätsschlüssel

Der Qualitätsschlüssel ist aus dem Qualitätsindex (1. Stelle) und der Fehlerart (2. Stelle) zusammengesetzt. Folgende Kombinationen sind möglich:

	0	1	2	3	4	5	6	7	8
1	10								
2	20	21	22	23					
3	30				34	35	36	37	
4	40				44	45	46	47	48
5	50		52		54	55	56	57	58

5.3.1.4 Mengenindex

Der Mengenindex (MI) ergibt sich aus der Abweichung von der Soll-Liefermenge zur Ist-Liefermenge in Prozent entsprechend der definierten Grenzen. Folgende Noten werden vergeben:

Note 1 Keine nennenswerte Abweichung
- Zuviel gelieferte Menge 0 - 0,9 %
- Zuwenig gelieferte Menge 0 - 0,9 %

Note 2 Tolerierbare Abweichung
- Zuviel gelieferte Menge 1 - 9,9 %
- Zuwenig gelieferte Menge 1 - 9,9 %

Note 3 Bedingt tolerierbare Abweichung
- Zuviel gelieferte Menge 10 - 19,9 %
- Zuwenig gelieferte Menge 10 - 19,9 %

Note 4 Nicht tolerierbare Abweichung
- Zuviel gelieferte Menge 20 - 29,9 %
- Zuwenig gelieferte Menge 20 - 29,9 %

Note 5 Teillieferung
- Zuviel gelieferte Menge mehr als 30 %
- Zuwenig gelieferte Menge mehr als 30 %

Der Mengengesamtindex (MI_g) wird nach folgender Formel berechnet:

Formel:

- $MI_g = \frac{MI_1 + MI_2 + MI_3 + \ldots + MI_n}{n}$

Beispiel:

$$MI_g = \frac{1 + 2 + 4 + 1}{4}$$

$$MI_g = 2$$

5.3.1.5 Terminindex

Der Terminindex (TI) ergibt sich aus der Abweichung vom Soll-Liefertermin zum Ist-Liefertermin in Werk-Tagen entsprechend der definierten Grenzen. Folgende Noten werden vergeben:

Note 1 Keine Abweichung
- Lieferung erfolgte 0 - 1 Tag zu spät
- Lieferung erfolgte 0 - 1 Tag zu früh

Note 2 Keine nennenswerte Abweichung
- Lieferung erfolgte 2 - 5 Tage zu spät
- Lieferung erfolgte 2 - 5 Tage zu früh

Note 3 Tolerierbare Abweichung
- Lieferung erfolgte 6 - 9 Tage zu spät
- Lieferung erfolgte 6 - 9 Tage zu früh

Note 4 Bedingt tolerierbare Abweichung
- Lieferung erfolgte 10 - 13 Tage zu spät
- Lieferung erfolgte 10 - 13 Tage zu früh

Note 5 Nicht tolerierbare Abweichung
- Lieferung erfolgte mehr als 14 Tage zu spät
- Lieferung erfolgte mehr als 14 Tage zu früh

Der Termingesamtindex (TI_g) wird nach folgender Formel berechnet:

Formel:

- $$TI_g = \frac{TI_1 + TI_2 + TI_3 + \ldots + TI_n}{n}$$

Beispiel:

$$TI_g = \frac{2 + 2 + 5 + 1}{4}$$

$$TI_g = 2{,}5$$

5.3.1.6 Lieferindex

Für jeden Wareneingang wird ein Lieferindex (LI) als arithmetisches Mittel aus den drei Bewertungskriterien Qualität (QI), Menge (MI) und Termin (TI) gebildet.

Formel:

- $LI = \frac{QI_g + MI_g + TI_g}{3}$

Beispiel:

$$LI = \frac{2,6 + 2 + 2,5}{3}$$

$$LI \approx 2,4$$

Der Liefergesamtindex (LI_g) wird nach folgender Formel berechnet:

Formel:

- $LI_g = \frac{LI_1 + LI_2 + LI_3 + ... + LI_n}{n}$

Beispiel:

$$LI_g = \frac{2,2 + 1,0 + 1,5 + 1,3}{4}$$

$$LI_g = 1,5$$

5.3.2 Ablauforganisation

Im **Wareneingang** wird die bestellte Ware mit dem Lieferschein angenommen. Die Lieferung wird identifiziert und im Dialog mit der "Wareneingangsverwaltung" erfasst. Dabei werden die Bestelldaten aus der Datenbank gelesen und die Wareneingangs- und Bewertungsdaten in die Datenbank eingetragen. Das Programm erstellt einen Wareneingangsschein, der die Ware bis ins Lager begleitet.

Die Noten für den Mengen- und Terminindex werden automatisch bei der Wareneingangsbuchung ermittelt (vgl. 5.3.1.4 und 5.3.1.5). Der Qualitätsindex wird mit dem Wert '1,0' initialisiert, d. h. eine Lieferung wird so lange als "ohne Fehler" betrachtet, bis ein Mangel festgestellt und in das DV-System eingegeben wird.

In der **Eingangskontrolle** wird die erfasste Lieferung auf genau definierte Qualitätsmerkmale geprüft. Abweichungen werden im Dialog mit der "Qualitätsdatenerfassung" eingegeben. Der Mitarbeiter der Qualitätssicherung muss also nur dann eine Eingabe machen, wenn ein Fehler festgestellt wird. Dabei werden die Wareneingangsdaten gelesen und die Qualitätsdaten in die Datenbank geschrieben.

Der **Lieferant** erhält bei einer Beanstandung mit der Qualitätsnote 2 oder 3 eine Qualitätsbeanstandung zur Information. Das Programm druckt das Formular automatisch in der Eingangskontrolle.

Bei einer Beanstandung mit dem Index 5 erstellt das Programm automatisch drei Belege, die in der Eingangskontrolle gedruckt werden. Dazu gehören:

- Die Rückversand-Info,
- die Versandkarte und
- der Rücklieferschein.

Die **Disposition** erhält mit der Hauspost die Rückversand-Info als Benachrichtigung über den Rückversand. Nach einer Bedarfs- und Terminprüfung fordert der Disponent im Dialog über die "Anforderungsverwaltung" die reklamierte Menge als Ersatzbestellung an. Die Bestellanforderung wird in die Datenbank eingetragen.

Im **Versand** wird die reklamierte Ware für die Rücksendung versandfertig gemacht und an den Lieferanten zurückgeschickt. Als Buchungsbeleg dient die Versandkarte mit den entsprechenden Versandinformationen. Sie wird im Versand ausgefüllt und an den Einkauf weitergeleitet.

Der **Lieferant** erhält mit der reklamierten Ware als Begleitformular den Rücklieferschein.

Im **Lager** wird die auf dem Warenbegleitschein freigegebene Ware eingelagert und in den Bestand übernommen.

Im **Einkauf** wird täglich die Vorschlagsliste „Qualitäts-Beanstandung bearbeiten“ mit den Beanstandungen der Noten 4 und 5 gedruckt. Der Einkäufer bearbeitet sie im Dialog über die "Einkaufsverwaltung". Dabei werden die Bestell-, Wareneingangs- und Bewertungsdaten gelesen. Der Einkäufer hat hierbei die Möglichkeit über die Textbearbeitung die Fehlerbeschreibung der Qualitätssicherung zu ergänzen und Mitteilungen an den Lieferanten einzugeben. Nach der Bearbeitung wird auf Anforderung (Funktionstaste) eine Qualitätsbeanstandung gedruckt.

Nach Eingang der Rechnung wird die eingelagerte Lieferung aus abwicklungstechnischen Gründen grundsätzlich sofort bezahlt. Entstanden Kosten durch interne Nacharbeit oder wurde die gesamte Lieferung oder ein Teil zurückgesandt, wird das Lieferantenkonto im Hause mit dem entsprechenden Gegenwert plus Bearbeitungskosten belastet. Anstoß für die Bearbeitung ist die Versandkarte. Über die "Einkaufsverwaltung" werden im Dialog die Kosten der Nacharbeit oder des Rückversandes plus Warenwert der Retoure eingegeben. Der Belastungsbetrag wird dem Lieferanten in Form der Belastungsanzeige mitgeteilt. Diese Anzeige wird nach Abschluss der Bearbeitung auf Anforderung (Funktionstaste) gedruckt.

Die Anforderung der Ersatzbestellung wird im Rahmen der normalen Bestellbearbeitung durch den Einkauf abgewickelt.

Die folgende Abbildung vermittelt einen Überblick über die ablauforganisatorischen Zusammenhänge.

5.3.3 Software-Beschreibung

Die Beschreibung der Software erfolgt aus Anwendersicht. Sie ist als Anleitung für den Benutzer auszugsweise aus der Anwendungsdokumentation wiedergegeben.

Eine kurze Beschreibung des prinzipiellen Programmablaufs soll die Maskenführung verdeutlichen. Die Funktionsübersicht zu den jeweiligen Programmbeschreibungen verdeutlicht graphisch den Zusammenhang der Funktionen untereinander (siehe Abbildungen 26, 30, 33).

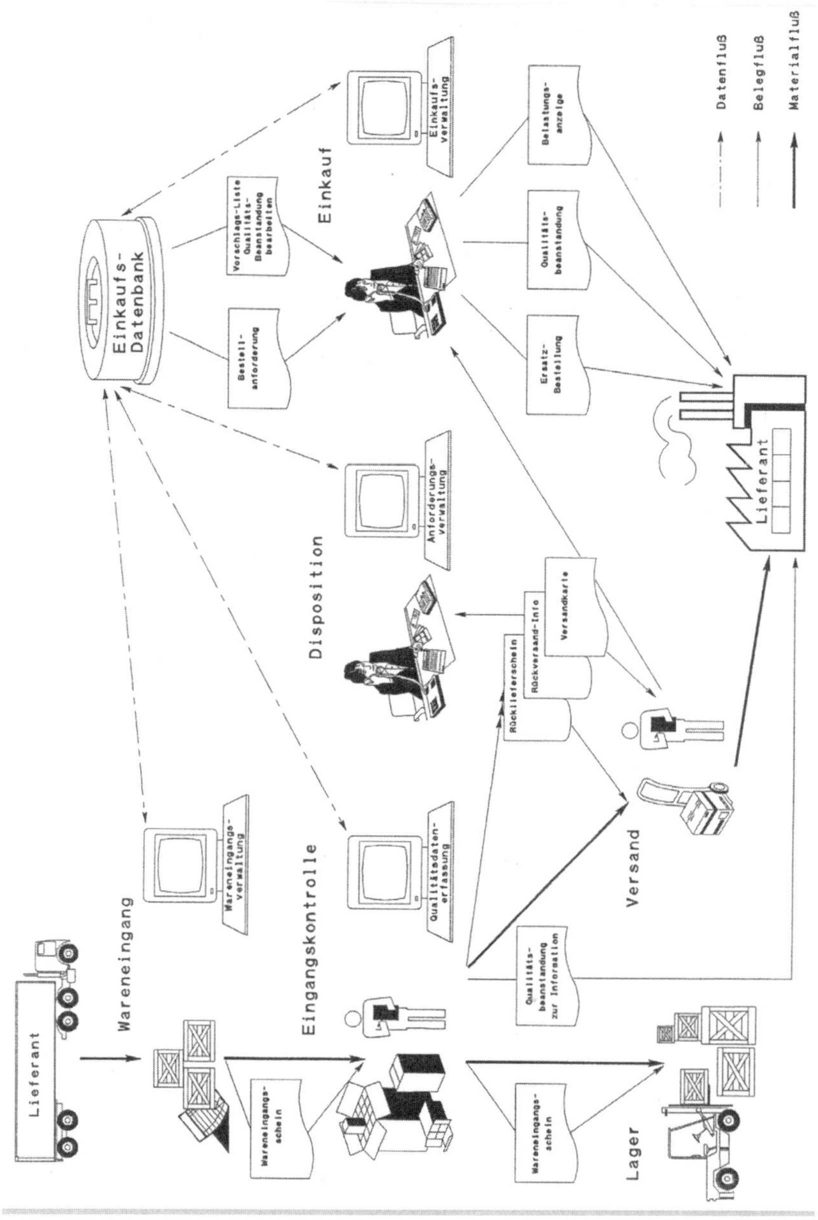

Abbildung 25: Ablauforganisation

Die Masken innerhalb der Funktion haben ein einheitliches Layout. In den ersten Zeilen stehen jeweils die bestell- bzw. lieferantenbezogenen Daten. Danach folgen je nach Funktion die Bearbeitungs- bzw. Auskunftsfelder. Eingabefelder sind hell unterlegt (in den Abbildungen unterstrichen dargestellt).

Die Masken der Applikationen werden über Funktionstasten angesteuert. Die Funktionstaste **F1** ermöglicht den Rücksprung in die vorherige Maske bzw. einen Neueinstieg, mit **F8** wird das Programm beendet, mit der **ENTER**-Taste werden die eingegebenen Daten auf Plausibilität geprüft und mit **F2** können die fehlerfreien Daten in der Datenbank gespeichert werden. Die Funktionstasten **F3** bis **F7** sind unterschiedlich belegt. Sie werden für Blätterfunktionen (F5/F6) innerhalb der Auswahlübersicht und/oder zum unmittelbaren Aufruf von anderen Funktionen bzw. Unterfunktionen benutzt.

Der Einstieg in eine Funktion ist über verschiedene Auswahlkriterien möglich. Stehen zu einem Kriterium mehrere Dateneinträge zur Verfügung, wird die erste Seite einer Auswahlübersicht, beginnend mit dem jüngsten Datensatz, angezeigt. Diese Übersicht dient gleichzeitig als Auskunft über bereits bearbeitete Datensätze. Mit der Blätterfunktion können weitere Seiten aufgerufen werden. Nach der Eingabe der laufenden Nummer und ENTER verzweigt man weiter in die eigentliche Funktion.

Existiert zu einem Auswahlkriterium nur ein Datenbankeintrag, verzweigt das Programm sofort in die jeweilige Bearbeitungs- bzw. Auskunftsmaske.

5.3.3.1 Qualitätsdatenerfassung

Die Qualitätsdatenerfassung dient zur Erfassung der Qualitätsabweichungen. Als Einstieg erhält man ein Menü mit den Auswahl-Funktionen:

A: Qualitätsdatenerfassung
B: Wareneingangsvermerk bearbeiten

Nach Eingabe der Funktion "A" und des Mitarbeiter-Kennzeichens gelangt man in die Auswahlmaske. Der Aufruf der zu bearbeitenden Lieferung ist über folgende Kriterien (Feldname der Maske in Klammern) möglich:

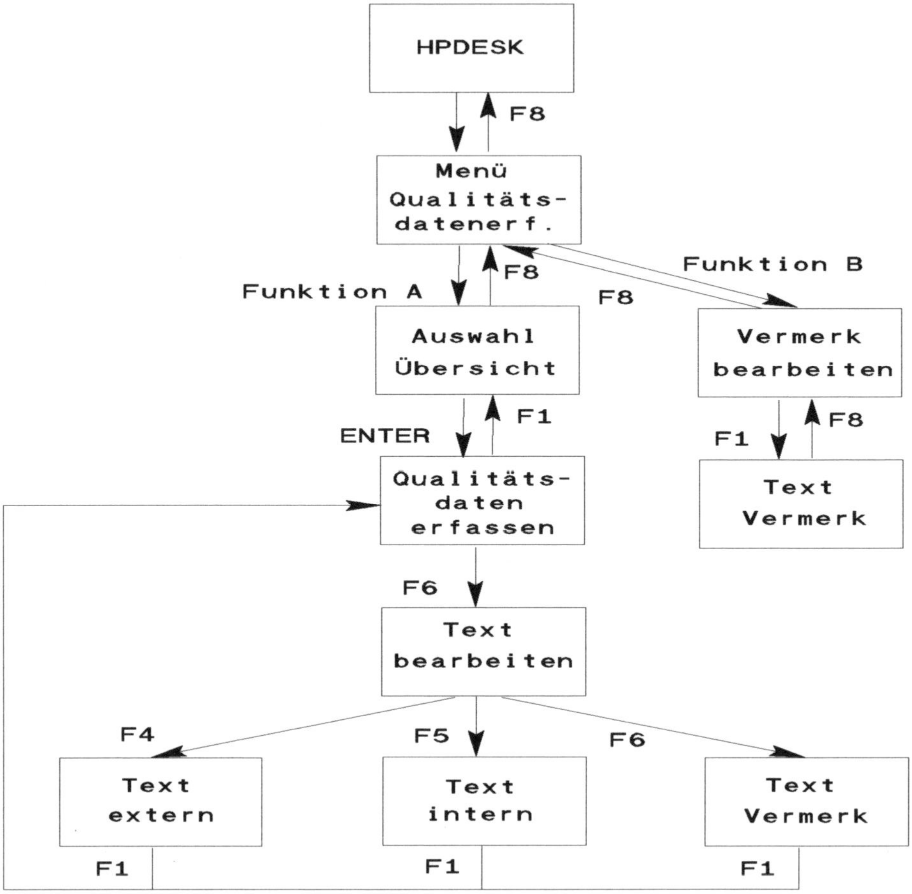

Abbildung 26: Funktionsübersicht Qualitätsdatenerfassung

- Wareneingangsnummer (Wenr),
- Identnummer (Ident),
- Identbezeichnung (Ident),
- Bestellnummer (Bestel),
- Lieferantennummer (Liefer),
- Lieferantenname (Liefer),
- Qualitäts-Beanstandungsnummer (QB-Nr.).

Die Auswahlübersicht der Qualitätsdatenerfassung (siehe Abbildung 27) enthält Informationen über:

- Bestelldaten,
- Lieferdaten,
- Beanstandungsdaten.

Sie dient gleichzeitig als Auskunft über bearbeitete Wareneingänge.

```
-------------------- Qualitaetsdatenerfassung -- Extern ----------------------
  Wenr      Ident                    Bestel   Liefer                 QB-Nr.  Lfr
  ______    ___________________      ______   3260________________   ______  __1
------------------------------------------------------------------------------
  Liefer: ALLES-LIEFERBAR GMBH & CO.

   Bestel-Lief Ident     ME   bestellt  geliefert    kontrol.  Li-Dat.
Lfr       Wenr    Hinweis          Vorg                                beanstandet

   019977-3260 34329686 ST     910.00      750.00      750.00 07.06.94
   1      253286                           750.00      750.00 10.06.94        0.00

   019974-3260 34329686 ST   10000.00     9750.00     9750.00 05.07.94
   2      260596                          8000.00     8000.00 26.07.94        0.00
   3      259228                          1750.00     1750.00 18.07.94        0.00

   019834-3260 34329686 ST   10000.00    10000.00    10000.00 28.06.94
   4      259227                          4750.00     4750.00 18.07.94        0.00
   5      257965                          4500.00     4500.00 11.07.94        0.00
   6      257960                           500.00      500.00 10.07.94        0.00
   7      250019                           250.00      250.00 16.05.94        0.00

   019831-3260 34330342 ST     500.00      500.00      500.00 24.04.94
```

zurueck				vor-waerts	rueck-waerts		Programm ende

Abbildung 27: Maskenlayout Auswahlübersicht

In der Dateneingabemaske werden alle bereits bekannten Daten zum Auswahlkriterium angezeigt. Neben weiteren Informationen
- zum Lieferanten,
- zur gelieferten Identnummer und
- zur Lieferung

werden die Daten der Wareneingangsbuchung angezeigt (s. Abbildung 28). Vom Anwender sind die Eingaben (Feldname der Maske in Klammern)
- der Beanstandungsmenge (QB-Menge),
- des Qualitätsschlüssels (QS) und
- des Beanstandungstextes (Text QB-Ext)

zwingend vorzunehmen. Wahlweise kann ein Text für interne Zwecke sowie die Versandart eingegeben werden. Der Standardwert der Versandart ist " '_' = unfrei".

```
--------------------- Qualitaetsdatenerfassung -- Extern -----------------------
  Wenr      Ident                    Bestel   Liefer                   QB-Nr.  Lfr
  200417    34328197                 999360   3260                     050113
--------------------------------------------------------------------------------
Liefer: ALLES-LIEFERBAR GMBH & CO.     Tl: 0541/1234       Fx: 0541/456879
        POSTFACH 4711                  49088 OSNABRUECK
Ident:   DURCHFUEHRUNGTUELLE  DWL E
Vermerk: Verp. 5000St.-kontr. 125St.-  Ausfall max. 3St.- entsp. AQL1

--------------------------------------------------------------------------------
Fkt: Aendern    Pos: 01  Kz: SDD   Ko-Dat: 18.10.94  Dr-Dat: 18.10.94

Liefermenge:          11600,00 ST                 La-Bestand:    30837,00
gezaehlte Menge:      11600,00                    We-Besatnd:
      QB--Menge:       9071,00 QS: 57 Retour -Technol.Spezifikation  Dr: Liefer

Text QB-Ext:  Eine Stichprobe ergab 2.4 % - 71 Stueck - Ausschuss:
              Die Teile sind gerissen oder haben Materialfehlstellen.
              Wir geben Ihnen aus diesem Grunde 3 Verpackungseinheiten
              zurueck zur Einzelkontrolle.
Text QB-Int:  ____________________________________________________________
              ____________________________________________________________

Kontrolleur:  GE   Versandart: __        Vorgang-offen N (J/N)
```

zurueck	Bestae-tigen	Neuer QS-Satz	Loesche QS-Satz		Text	Auswahl	Programm ende

Abbildung 28: Maskenlayout Dateneingabemaske

Reichen die Textzeilen in der Dateneingabemaske nicht aus, kann mit der Funktionstaste **F6** in die Textbearbeitung verzweigt werden. Mit der weiteren Wahl

- **F4**, "Text extern",
- **F5**, "Text intern" oder
- **F6**, "Text Vermerk"

wird entschieden, welcher der möglichen Texte bearbeitet werden soll. In der jeweiligen Textbearbeitungsmaske (siehe Abbildung 29) kann ein frei formulierter Text beliebiger Länge eingegeben werden. Auf den Papieren werden allerdings nur die ersten zehn Zeilen gedruckt.

```
-------------------- Qualitaetsdatenerfassung -- Extern ----------------------
  Wenr      Ident                      Bestel   Liefer                QB-Nr.   Lfr
  200417    34328197                   999360   3260                  050113
------------------------------------------------------------------------------
                                        TEXT
                                     QB-Extern

          Eine Stichprobe ergab 2.4 % - 71 Stueck - Ausschuss:
          Die Teile sind gerissen oder haben Materialfehlstellen.
          Wir geben Ihnen aus diesem Grunde 3 Verpackungseinheiten
          zurueck zur Einzelkontrolle.

[zurueck] [ ] [ ] [ ]   [vor-waerts] [rueck-waerts] [ ] [Programm ende]
```

Abbildung 29: Maskenlayout Textbearbeitung extern

In den Textbearbeitungsmasken kann auf Textkonserven zurückgegriffen werden. Der Aufruf einer Textkonserve geschieht durch Eingabe des Nummernzeichens "#" und der Nummer der Textkonserve (z. B.: #01).

Nach Auswahl der Funktion "B" kann ein Vermerk-Text bearbeitet werden. Dieser Vermerk beinhaltet besondere Hinweise zur Eingangskontrolle und wird immer bei Lieferung der entsprechenden Identnummer mit auf den Wareneingangsschein gedruckt. Das Layout der Maske entspricht der Textbearbeitungs-Maske (siehe Abbildung 29).

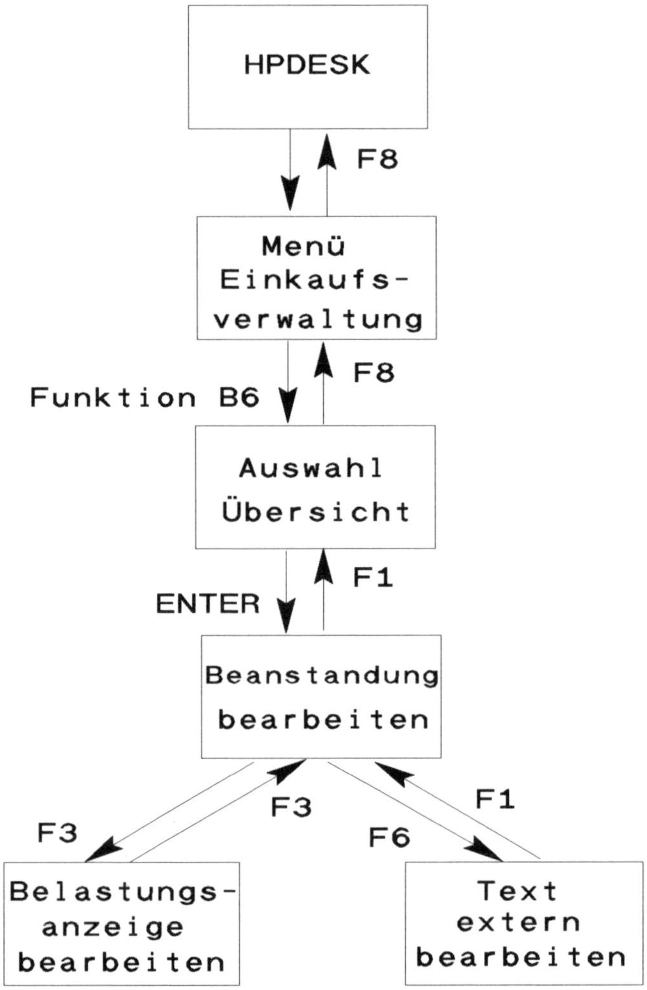

Abbildung 30: Funktionsübersicht Qualitätsbeanstandung / Belastungsanzeige bearbeiten

5.3.3.2 Qualitätsbeanstandung und Belastungsanzeige bearbeiten

Die Bearbeitungsmasken der Qualitätsbeanstandung und Belastungsanzeige stehen dem Einkauf in der Einkaufsverwaltung zur Verfügung.

Nach Angabe der Funktion "B6" und des Mitarbeiter-Kennzeichens gelangt man in die Auswahlmaske. Der Aufruf der zu bearbeitenden Lieferung bzw. Beanstandung ist über die bereits oben genannten Auswahlkriterien möglich (siehe 5.3.3.1). Die Auswahlübersicht ist identisch mit der Übersicht der Qualitätsdatenerfassung (siehe Abbildung 27). Sie dient gleichzeitig als Auskunft über bereits bearbeitete Beanstandungen.

```
-------------------- Qualitaetsdatenerfassung -- Extern ----------------------
  Wenr      Ident                     Bestel    Liefer                 QB-Nr.   Lfr
  200417    34328197                  999360    3260                   050113
------------------------------------------------------------------------------
Liefer: ALLES-LIEFERBAR GMBH & CO.       Tl: 0541/1234       Fx: 0541/456879
        POSTFACH 4711                    49088 OSNABRUECK
Ident:   DURCHFUEHRUNGTUELLE  DWL E
Vermerk: Verp. 5000St.-kontr. 125St.-   Ausfall max. 3St.- entsp. AQL1

------------------------------------------------------------------------------
Fkt: Aendern    Pos: 01  Kz: SDD   Ko-Dat: 18.10.94  Dr-Dat: 18.10.94

Liefermenge:          11600,00 ST                   La-Bestand:     30837,00
gezaehlte Menge:      11600,00                      We-Besatnd:
      QB--Menge:       9071,00 QS: 57 Retour -Technol.Spezifikation  Dr: Liefer

Text QB-Ext:  Eine Stichprobe ergab 2.4 % - 71 Stueck - Ausschuss:
              Die Teile sind gerissen oder haben Materialfehlstellen.
              Wir geben Ihnen aus diesem Grunde 3 Verpackungseinheiten
              zurueck zur Einzelkontrolle.
Text QB-Int:


Kontrolleur:  GE   Versandart: __        Vorgang-offen N (J/N)
```

zurueck	Bestae- tigen	Buchungs- anzeige	Storno		Text	Auswahl	Programm ende

Abbildung 31: Maskenlayout Qualitätsbeanstandung bearbeiten

Die Datenerfassungsmaske enthält neben den Bestell- und Lieferantendaten zusätzlich auch Rechnungseingangsdaten. Im Textbereich wird der Text der Qualitätssicherung angezeigt. Dieser Text kann verändert oder ergänzt werden. Auch hier besteht die Möglichkeit, über die Funktionstaste **F6** in die Textbearbeitung (siehe Abbildung 28) zu verzweigen und mit Textkonserven zu arbeiten. Im linken Bereich neben dem Texteingabebereich werden Informationen zu den einzelnen Arbeitsschritten der Beanstandung angezeigt.
Mit der Funktionstaste **F3** kann man in die Bearbeitung der Belastungsanzeige verzweigen. Das Maskenlayout bleibt gleich. Der Texteingabebereich wird durch die Bearbeitungsfelder

- Preis pro Mengeneinheit,
- Wert der beanstandeten Menge,
- Fracht-/Verpackungsanteil,
- Bearbeitungsgebühr und
- Mehrwertsteuerkennzeichen

ersetzt (siehe Abbildung 32). Als Preis wird der letzte Rechnungspreis (wenn vorhanden) oder Bestellpreis vorgeschlagen. Die vorgeschlagenen Werte können beliebig verändert werden.

```
-------------------- Qualitaetsdatenerfassung -- Extern ----------------------
  Wenr      Ident                 Bestel   Liefer                QB-Nr.   Lfr
  200417    34328197              999360   3260                  050113
------------------------------------------------------------------------------
Lief: ALLES-LIEFERBAR GMBH & CO.     Tel: 0541/1234        Fax: 0541/456879
Teil: DURCHFUEHRUNGTUELLE  DWL E
Best:   bestellt     11600,00 ST  geliefert     11600,00  Preis        28,89/+2
Rech:                             Menge          8580,00  Preis      2418,70

We:     gezaehlt     11600,00     geliefert     11600,00  am 27.09.94

Be: 01    Menge       9071,00  Qs 57 Retour -Technol.Spezifikation    Ko GE

| kontrolliert     |
| am 18.10.94      |      9071,00  ST  DM    28,19/100    DM    2557,11
| Liefer   gedr.   |                Frachanteil/Verp.:    DM     150,00
| Beanst.  gedr.   |                Bearbeitungsgebuehr:  DM      20,00
| am 18.10.94      |                                      --------------
| Anzeige  gedr.   |                                      DM    2727,11
|                  |     Mwst-Kz: B       + 14,0 Mwst.   DM     381,80
|                  |                                      --------------
|                  |     Wir belasten Ihr Konto mit       DM    3108,91
|                  |                                      ==============

[zurueck] [Bestae-tigen] [Qual-beanstan.] [Storno] [Druck Anzeige] [ ] [Auswahl] [Programm ende]
```

Abbildung 32: Maskenlayout Belastungsanzeige bearbeiten

Mit der Funktionstaste **F3** kann man in die Qualitätsbeanstandung zurückkehren. Der Druck der jeweiligen Papiere wird mit der Funktion **F5** angestoßen. Soll der jeweilige Vorgang ohne die entsprechende Bearbeitung abgeschlossen oder gelöscht werden, kann er mit **F4** storniert werden.

5.3.3.3 Lieferantenbewertungs-Auskunft

Mit dem Auskunftsdienst kann der Anwender jederzeit im Dialog den aktuellen Bewertungsstand einer Lieferung oder eines Lieferanten abrufen und ausdrucken. Die Lieferantenbewertungs-Auskunft ist in die Einkaufsverwaltung unter der Funktion "B5" integriert. Sie steht auch direkt aus "HPDesk" für jeden Anwender zur Verfügung.

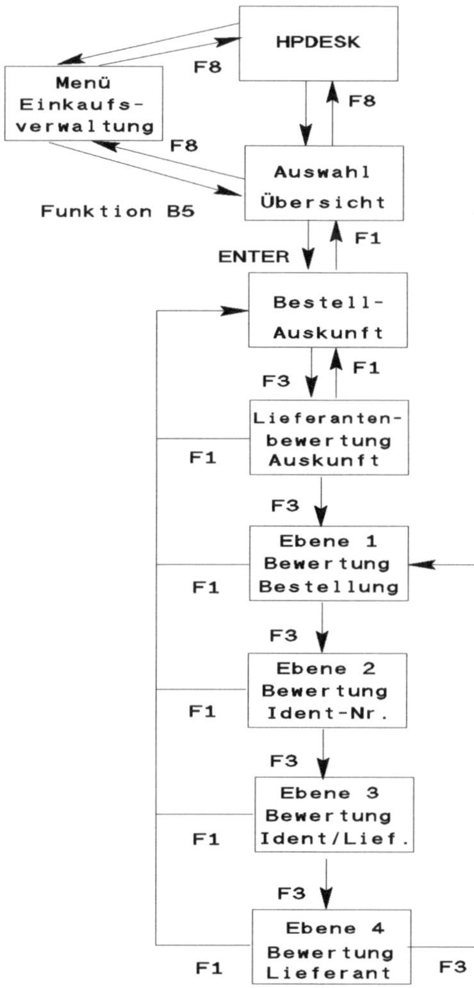

Abbildung 33: Funktionsübersicht Lieferantenbewertungs-Auskunft

Der Einstieg in die Auskunft ist über folgende Kriterien (Feldname der Maske in Klammern) möglich:

- Bestellnummer (Bs-Nr),
- Lieferantennummer (Li),
- Lieferantenname (Li),
- Identnummer (Id-Nr),
- Wareneingangsnummer (We-Nr).

Die Auswahlübersicht der Auskunft enthält Informationen zu den Bestellungen des entsprechenden Lieferanten. In der Bestell-Auskunfts-Maske werden alle Daten zur ausgewählten Bestellposition angezeigt.

Das Verzweigen zur Lieferantenbewertung erfolgt durch zweimaliges Betätigen der Funktionstaste **F3**. Man bekommt dann die erste Bewertungsebene angezeigt.

Folgende Bewertungsebenen stehen zur Verfügung:

1. Bestellpositionsbezogene Bewertung
   - Die Bewertungen bzw. Beanstandungen aller Lieferungen zur ausgewählten Bestellposition werden angezeigt.

2. Identnummernbezogene Bewertung
   - Die Bewertungen bzw. Beanstandungen aller Lieferungen zur ausgewählten Identnummer unabhängig vom Lieferanten werden angezeigt.

3. Identnummer-/Lieferantenbezogene Bewertung
   - Die Lieferungen zur ausgewählten Identnummer bezogen auf den ausgewählten Lieferanten werden angezeigt.

4. Lieferantenbezogene Bewertung
   - die Bewertungen bzw. Beanstandungen aller Lieferungen zum ausgewählten Lieferanten unabhängig von der Identnummer werden angezeigt.

Mit der Funktionstaste **F3** wird die jeweils nächste Ebene aufgerufen. Nach Aufruf der Ebene 4 gelangt man wieder auf die Ebene 1 usw.

Das Masken-Layout bleibt gleich. Lediglich der Bewertungs-Auskunftsbereich (in der Abbildung kursiv dargestellt) kann variieren (siehe Abbildung 34). Oben rechts wird die aufgerufene Analyseebene angezeigt. Es werden maximal zwölf Bewertungssätze, beginnend bei dem jüngsten, pro Bildschirmseite angezeigt. Mit der Blätterfunktion können weitere Bewertungsseiten aufgerufen werden.

Mit der Funktionstaste **F7** kann das Bewertungsergebnis ausgedruckt werden. Dabei werden maximal 36 Bewertungen gedruckt. Dies entspricht vier Dialog-Maskenseiten und der Anzahl, über die der Liefergesamtindex errechnet wird.

Als Informationen werden im Bewertungsbereich angezeigt (Feldname der Maske in Klammern):

- Teilenummer, Spalte (Ident),
- Wareneingangsnummer, Spalte (Wenr),
- Lieferantennummer, Spalte (Lief),
- Liefertermin, Spalte (Liefer-datum),
- Liefermenge, Spalte (Liefermenge),
- Liefergesamtindex, Spalte (L-Ix ges),
- Lieferindex, Spalte (L-Ix),
- Terminindex, Spalte (T-Ix),
- Termingesamtindex, Zeile (ges T-Ix),
- Mengenindex, Spalte (M-Ix),
- Mengengesamtindex, Zeile (ges M-Ix),
- Qualitätsindex/Qualitätsschlüssel, Spalte (Q-Ix),
- Qualitätsgesamtindex, Zeile (ges Q-Ix),
- beanstandete Menge, Spalte (beanstan. Menge),
- Anzahl der bewerteten Positionen, Zeile (#bew),
- Positionsnummer der Beanstandung, Spalte (Po.).

Die folgende Maskenabbildung zeigt die Bewertung des Lieferanten, am Beispiel der Bewertungsebene 4.

Der Bewertungs-Auskunftsbereich zeigt die erste Seite aller gespeicherten Lieferungen der gewählten Ebene, unabhängig von ihrer Verwendung.

```
---------------------------- Auftragsueberwachung --------------- Bew-Lief ----
Bs-Nr 992543/01  Li 3260                      Id-Nr 34328197  We-Nr 249356 As-Nr 001
ALLES-LIEFERBAR GMBH & CO.     Tel: 0541/1234      Fs : 456789 TELEX    Bestlung
                               Tf : 0541/123460    KNr:                 gedruckt
POSTFACH 4711                  Sb :
49088 OSNBRUECK                                                         Rahmen-A
Urlaub:
Ek: Herr Meyer            Di: Frau Mueller          Lager:
                          Liefer-               L-  L-   T-  M-  Q-  beanstan.
 Ident     Wenr    Lief   datum    Liefermenge  Ix  Ix   Ix  Ix  Ix  Menge      Po.
                                                ges      3,4 4,3 1,3      #bew   31
34328291 264083  3260  23.08.94     7400,000  3,1 4,3  1   5   5,0     7400,00
                                                                5/5     7400,00 01
34328291 264082  3260  23.08.94     1500,000  3,0 3,0  3   5   1,2       80,00
                                                                5/5       80,00 01
34329643 263747  3260  22.08.94     1000,000  3,0 1,7  3   1   1,0        0,00
         263686  3260  21.08.94        1,000  3,1 1,7  3   1   1,0        0,00
34328291 263558  3260  20.08.94     4000,000  3,1 3,0  3   5   1,0        0,00
34328291 263053  3260  15.08.94     2500,000  3,1 2,7  2   5   1,0        0,00
34328197 262435  3260  09.08.94     9430,000  3,2 2,3  5   1   1,0        0,00
Ko-Nr ____________________________ vom 00.00.00  Ges ? J  Stat D  Kz NJ
Preis 000029,85 DM /+2  Menge 00000000,000 ST  VS/VP _/_  L-Term 14/ 01.04.94
B-Prs 000000,00 DM /+0              :          :          :          :          :
```

zurueck	Bestae-tigen	Bewert Bestell		vor-waerts	ruck-waerts	Ausdruck	Programm ende

Abbildung 34: Maskenlayout "Bewertung Lieferant"

5.3.4 Beanstandungs-Formulare

Je nach Ergebnis der Wareneingangsprüfung und der daraus resultierenden Note werden nach dem Bestätigen der Eingabe automatisch bzw. auf Anforderung über Funktionstaste unterschiedliche Formulare gedruckt (vgl. 5.3.2). Dazu gehören folgende Formulare mit den Überschriften:

- Qualitätsbeanstandung zur Information (Noten 2, 3),
- Rücklieferschein (Note 5),
- Rückversand-Info (Note 5),
- Versandkarte (Note 5),
- Qualitätsbeanstandung (Note 4, 5),
- Belastungsanzeige (Note 4, 5).

G. Kromschroeder AG Postfach 28 09 D-49018 Osnabrueck den 10.10.94

ALLES-LIEFERBAR GMBH & CO.

POSTFACH 4711

4500 OSNABRUECK

Unser Zeichen Sachbearbeiter Herr Meyer Tel. 0541/1214-232
MY/ML/SZ Disponent Frau Mueller QS-Sachbearbeiter Herr Schulz

QUALITAETSBEANSTANDUNG #050113

Ihre Kommission : liegt uns nicht vor
Unsere Bestellung : 999360/3260
Unser Wareneingang: 200417 vom 27.09.94 11600 ST

34328197 DURCHFUEHRUNGTUELLE DWL E

Reklamierte Menge: 9071 ST

----

variabler Abschnitt

Mit freundlichen Grueßen

G. Kromschroeder Aktiengesellschaft

i.V.
Meyer Schulz

Abbildung 35: Formular-Muster

Der Aufbau der Formulare unabhängig ihrer Verwendung ist gleich. Er gliedert sich in acht Abschnitte:

- Absender/Anschrift,
- Ansprechpartner,
- Überschrift,
- Bestell-/Wareneingangs-Informationen,
- Bezeichnung der Lieferung,
- reklamierte Menge,
- variabler Abschnitt,
- Schlussformel.

Die Überschrift wird entsprechend ihrer Verwendung unterschiedlich gedruckt.

Der variable Abschnitt besteht entweder aus

- den max. zehn durch den Anwender frei zu formulierenden Zeilen und den max. drei Zeilen Standardtext (je nach Formular), die durch das Druckprogramm ergänzt werden oder
- aus Versand- oder
- Kosten-Aufstellung.

Das Formular mit der Überschrift "Qualitätsbeanstandung zur Information" enthält im variablen Abschnitt die Fehlerbeschreibung.

> Bei der Verarbeitung der Teile stellten wir ab einer bestimmten Lage einen hohen Prozentsatz an Teilen mit im Durchmesser 32+0.1 anhaftenden Abstichring fest, welche bei der Montage zu erheblichen Problemen führen. Wir sind gezwungen, eine Einzelkontrolle des Lagerbestandes vorzunehmen und möchten Sie bitten, in Zukunft nur einwandfreie Teile zum Versand zu bringen. Wir fügen dem Schreiben 5 Stück Informationsmuster bei.
>
> Der Fehler ist bis zur nächsten Lieferung zu beseitigen !!!
> Wir erbitten hierzu Ihre Bestätigung bis zum: TT.MM.JJ[1]

Abbildung 36: Ausschnitt Qualitätsbeanstandung zur Information

[1] Der Termin wird dynamisch ermittelt (Druckdatum + 10 Tage).

Das Formular "Rücklieferschein" enthält im variablen Abschnitt die Beschreibung des Fehlers.

Eine Stichprobe ergab 2.4 % - 71 Stück - Ausschuss: Die Teile sind gerissen oder haben Materialfehlstellen. Wir geben Ihnen aus diesem Grunde 3 Verpackungseinheiten zurück zur Einzelkontrolle. Lieferung kann nicht verwendet werden. Bereiten Sie eine Ersatzlieferung vor! Notwendige Nachdisposition erfolgt separat. Die Qualitätsbeanstandung erhalten Sie per Post.

Abbildung 37: Ausschnitt Rücklieferschein

Das Formular "Rückversand-Info" ist eine Kopie des Rücklieferscheins.

Das Formular "Versandkarte" enthält im variablen Abschnitt Versand-, Fracht- und Verpackungsinformationen, die ausgedruckt bzw. handschriftlich eingetragen werden.

Verpackung/Gewicht:	
Versandart:	Unfrei
Fracht:	

Abbildung 38: Ausschnitt Versandkarte

Das Formular "Qualitätsbeanstandung" enthält im variablen Abschnitt die Fehlerbeschreibung der Qualitätssicherung und die Ergänzungen des Einkaufs.

Eine Stichprobe ergab 2.4 % - 71 Stück - Ausschuss:
Die Teile sind gerissen oder haben Materialfehlstellen.
Wir geben Ihnen aus diesem Grunde 3 Verpackungseinheiten zurück zur Einzelkontrolle.
Sehr geehrter Herr Lange,
wir erbitten hierzu Ihre Stellungnahme mit Vorschlägen zur Verbesserung der Qualität!
Lieferung kann nicht verwendet werden! Wir bitten um Ermittlung der Fehlerursache und Einleitung von Gegenmaßnahmen. Bereiten Sie eine fehlerfreie Ersatzlieferung vor. Die Bestellung folgt.

Abbildung 39: Ausschnitt Qualitätsbeanstandung

Das Formular "Belastungsanzeige" enthält im variablen Abschnitt die Kostenaufstellung der Belastung.

9071 ST	DM 28,19/100	DM	2557,11
	Frachtanteil/Verp:	DM	150,00
	Bearbeitungsgebühr:	DM	20,00
		----------	----------
		DM	2727,11
	+ 14,0 % Mwst.	DM	381,80
		----------	----------
Wir belasten Ihr Konto mit		DM	3108,91
		======	======
Bitte buchen Sie gleichlautend			

Abbildung 40: Ausschnitt Belastungsanzeige

5.4 Einführung und Übung mit dem System

In der Anfangsphase sollten erst einmal Leistungsdaten gesammelt werden, um einen objektiven Überblick über den Zuverlässigkeitsgrad der Lieferanten zu erhalten. Außerdem war es notwendig, Erfahrungen zu gewinnen und mit dem System und der Benotung "zu üben". In dieser Zeit wurden in den Fällen, in denen wiederholt Qualitätsmängel auftraten, die Bewertungsdaten der Dialog-

Auskunft als Hardcopy den Lieferanten zur Verfügung gestellt und bei Besuchen diskutiert.

Nach Abschluss dieser Phase sollte eine systematische Bewertung mit einigen ausgewählten Lieferanten erprobt werden.

5.4.1 Ausgewählte Lieferanten

Einer definierten Zahl von Lieferanten wird **monatlich** der aktuelle Stand ihrer Bewertung mitgeteilt, verbunden mit der Aufforderung zur Stellungnahme bei entsprechender Qualitätsabweichung. Auf der Lieferübersicht werden die bewerteten Lieferungen einzeln aufgeführt und nach Qualität, Menge und Termin bewertet. Der Schwerpunkt der Bewertung und Analyse mit den Lieferanten wird auf die Qualität gelegt.

Bei den z. Z. 50 Lieferanten (Stand: Herbst 1994) handelt es sich ausnahmslos um A-Lieferanten im Sinne der Umsatzeinteilung (vgl. Abbildung 24). Sie haben einen Anteil am Umsatz von ca. 60 % und decken damit ca. 2500 bzw. 50 % der Serienartikel ab.

G. Kromschroeder AG Postfach 28 09 D-4500 Osnabrueck

ALLES-LIEFERBAR GMBH & CO.

POSTFACH 4711

4500 OSNABRUECK

Ihr Zeichen	Ihre Nachricht	Unser Zeichen	Tel.-Durchwahl	Datum
		E/SM	0541/1214-232	05/11/94

L i e f e r a n t e n b e w e r t u n g

Sehr geehrte Damen und Herren,

seit einigen Monaten werden Ihre Lieferungen durch die Installation eines Bewertungssystems von unser Qualitätssicherung beurteilt. Ziel ist es, Sie in erster Linie über u n s e r e B e u r t e i l u n g I h r e r Q u a l i t ä t der gelieferten Teile zu informieren. Gleichzeitig wird die Einhaltung der vorgegebenen Mengen und Termine bewertet.

Im einzelnen bedeuten:

F = Fehlerart
N = Qualitätsnote

Q - Ix = Qualitätsindex
M - Ix = Mengenindex
T - Ix = Terminindex
L - Ix = Lieferindex (Gesamtnote der jeweiligen Lieferungen)

Wir werden Ihnen in den nächsten Monaten die Auswertungen per Monatsende als Ausdruck zuschicken mit der Bitte, die von uns ermittelten Werte mit Ihrer QS-Abteilung zu besprechen und ggf.Verbesserung einzuleiten. Für eine Stellungnahme Ihrerseits zu dieser 'Aktion' wären wir Ihnen dankbar.

G. Kromschröder Aktiengesellschaft
- Einkauf -

i V. i. A.

Anlagen: Bewertungsschlüssel (Qualität, Menge, Termin)
Ausdruck der Lieferungen über 3 Monate mit Bewertung

Abbildung 41: Bewertungsanschreiben

krom schröder

Lieferant: ALLES-LIEFERBAR GMBH   Datum: 05/11/91

Ident-Nr.	Bezeichnung	Liefer-datum	Liefer-menge	beanst. Menge	N/F	Q-Ix	M-Ix	T-Ix	L-Ix
32214140	ZAEHLWERKRAHMEN	31.10.91	28800	0		1,0	3	1	1,7
32318743	ZAEHLWERKKAPPE	29.10.91	25488	0		1,0	5	2	2,7
32318743	ZAEHLWERKKAPPE	16.10.91	15552	0		1,0	5	1	2,3
32318743	ZAEHLWERKKAPPE	14.10.91	10368	0		1,0	4	2	2,3
32318743	ZAEHLWERKKAPPE	11.10.91	5184	0		1,0	5	3	3,0
32214140	ZAEHLWERKRAHMEN	11.10.91	28800	0		1,0	3	2	2,0
32318743	ZAEHLWERKKAPPE	07.10.91	5184	216	5/0	1,1	1	2	1,4
32318743	ZAEHLWERKKAPPE	04.10.91	5184	0		1,0	5	1	2,3
32318743	ZAEHLWERKKAPPE	02.10.91	10368	0		1,0	5	1	2,3
32318743	ZAEHLWERKKAPPE	01.10.91	5184	0		1,0	5	4	3,3
32214140	ZAEHLWERKRAHMEN	01.10.91	9495	0		1,0	5	1	2,3
32318743	ZAEHLWERKKAPPE	01.10.91	5184	0		1,0	3	4	2,7
32214140	ZAEHLWERKRAHMEN	27.09.91	28800	0		1,0	4	2	2,3
32318593	ZAEHLWERKKAPPE	27.09.91	2488	0		1,0	5	3	3,0
32318743	ZAEHLWERKKAPPE	26.09.91	4320	0		1,0	5	3	3,0
32318743	ZAEHLWERKKAPPE	26.09.91	5184	0		1,0	5	3	3,0
32214140	ZAEHLWERKRAHMEN	18.09.91	9600	0		1,0	5	2	2,7
32214140	ZAEHLWERKRAHMEN	18.09.91	9600	0		1,0	5	3	3,0
32214140	ZAEHLWERKRAHMEN	16.09.91	9600	0		1,0	5	1	2,3
32318743	ZAEHLWERKKAPPE	12.09.91	9072	0		1,0	5	2	2,7
32446081	ZAEHLWERKKAPPE	04.09.91	4104	0		1,0	5	1	2,3
32446081	ZAEHLWERKKAPPE	02.09.91	5184	0		1,0	4	1	2,0
32318743	ZAEHLWERKKAPPE	28.08.91	31104	0		1,0	1	2	1,3
32214140	ZAEHLWERKRAHMEN	28.08.91	36500	0		1,0	2	2	1,7
32318743	ZAEHLWERKKAPPE	26.08.91	10368	0		1,0	2	3	2,0
32318743	ZAEHLWERKKAPPE	20.08.91	10368	0		1,0	5	2	2,7
32318743	ZAEHLWERKKAPPE	19.08.91	5184	0		1,0	5	2	2,7
32318743	ZAEHLWERKKAPPE	16.08.91	5184	0		1,0	5	1	2,3
32318743	ZAEHLWERKKAPPE	14.08.91	2592	0		1,0	5	1	2,3
32318743	ZAEHLWERKKAPPE	14.08.91	5184	0		1,0	5	1	2,3
32214140	ZAEHLWERKRAHMEN	12.08.91	28800	9600	5/5	2,3	2	2	2,1
32318593	ZAEHLWERKKAPPE	12.08.91	5184	0		1,0	5	2	2,7
32214140	ZAEHLWERKRAHMEN	12.08.91	1200	0		1,0	5	2	2,7
32318743	ZAEHLWERKKAPPE	12.08.91	6048	0		1,0	5	3	3,0
32318743	ZAEHLWERKKAPPE	09.08.91	3456	0		1,0	5	3	3,0
32318743	ZAEHLWERKKAPPE	09.08.91	5400	0		1,0	5	3	3,0
32318593	ZAEHLWERKKAPPE	07.08.91	1512	0		1,0	5	3	3,0
32318743	ZAEHLWERKKAPPE	07.08.91	5184	0		1,0	5	2	2,7
32318743	ZAEHLWERKKAPPE	06.08.91	432	0		1,0	5	2	2,7
32318593	ZAEHLWERKKAPPE	06.08.91	432	0		1,0	5	3	3,0

Anzahl der bewerteten Lieferungen: 41   Einzel-Note: 1,0 4,3 2,0

Gesamt-Note: 2,5

Abbildung 42: Lieferübersicht

5.4.2 Bewertungsanschreiben und Lieferübersicht

Mit dem ersten Schreiben wurden die Lieferanten auf die Lieferantenbewertung vorbereitet und die Noten bzw. Indizes wurden erläutert (siehe Abbildung 41). Als Anlage erhielten sie eine Lieferübersicht (siehe Abbildung 42). Außerdem wurde dem ersten Schreiben ein Notenspiegel für Qualität, Menge und Termin beigelegt (vgl. 5.3.1).

Die Lieferübersicht (siehe Abbildung 42) ist eine rollierende Aufstellung der Lieferungen über die jeweils letzten drei Monate mit den Ergebnissen der Bewertungskriterien. Die Einzelindizes für Qualität, Menge und Termin sowie die Gesamtindizes werden über alle gespeicherten Lieferungen der Serienartikel gebildet.

In den darauf folgenden Monaten wurden die Lieferanten aufgefordert, innerhalb von 14 Tagen Stellung zu nehmen, wenn der Qualitätsindex schlechter als 1,3 ausfällt. Auf die Einhaltung von Mengen- und Terminvorgaben wurde hingewiesen.

5.4.3 Die ersten Reaktionen

Die "Aktion" der Kromschröder AG, den ausgewählten Lieferanten eine Lieferübersicht mit dem Bewertungsergebnis zu übermitteln, fand bei den Lieferanten ausnahmslos ein positives Echo. Die Leistungsdaten wurden mit großem Interesse aufgenommen.

Der Umfang der Reaktionen war jedoch recht unterschiedlich. Während einige Lieferanten nur kurz Ihre Zustimmung in einem Brief oder Telefonat bekundeten und Besserung gelobten, gingen andere Lieferanten sehr ausführlich auf die Ergebnisse ein.

Die Antworten bezogen sich zum Teil auf konkrete Bewertungen einzelner Lieferungen verbunden mit einer Rechtfertigung oder Ursachenbeschreibung der Leistungsabweichung. Zum Teil wurde aber auch konstruktive Kritik geübt, wurden Anregungen geäußert und das Bewertungssystem aus Sicht der Lieferanten beleuchtet.

Daraus ergaben sich für die Kromschröder AG Überlegungen und Denkanstöße zur Veränderung des Systems. Schwachpunkte in der Mengen- oder auch Termin-Bewertung wurden deutlich. Die Kritik betraf sowohl die Grenzen im Notensystem als auch die bisherige Praxis im Hause Kromschröder, in besonderen Fällen festgeschriebene Mengen oder Termine kurzfristig zu verschieben.

In diesem Fall hat der Lieferant aus dem zeitlichen Spielraum heraus kaum eine Chance, die Vorgaben zu erfüllen, auf der anderen Seite wird er bei Teillieferungen nach dem jetzigen System für seine Flexibilität "bestraft".

Einige Lieferanten nahmen die Bewertungsdaten zum Anlass, innerbetriebliche Maßnahmen zu ergreifen, um ihre Ergebnisse zu verbessern. Sie machten Ankündigungen, die

- betroffenen Bereiche personell zu verstärken,
- die organisatorischen Abläufe zu überdenken oder
- zur Unterstützung der Auftragsabwicklung neue Software anzuschaffen.

Hierbei dient die Lieferübersicht den Lieferanten als willkommene Arbeitsunterlage, um Schwachstellen zu dokumentieren und Ansatzpunkte für eine Verbesserung zu definieren.

5.4.4 Die Ergebnisse

Bei der Kromschröder AG gehen im Untersuchungszeitraum Herbst 1991 täglich ca. 200 Lieferungen ein. Die Betrachtung eines Zeitraums von sechs Monaten mit insgesamt ca. 25.000 Wareneingängen ergab bei

- 2 % eine Qualitätsabweichung, bei
- 70 % eine Mengenabweichung und bei
- 37 % eine Terminabweichung.

Von diesen Abweichungen wurden mit der Note 5 folgender Anteil der Wareneingänge bewertet:

- 50 % der Qualitätsabweichungen,
- 27 % der Mengenabweichungen und
- 63 % der Terminabweichungen.

Bei der Betrachtung aller Wareneingänge über diesen Zeitraum ergab sich bei der Notenverteilung der einzelnen Bewertungskriterien folgender Anteil in Prozent:

	1	2	3	4	5
Qualität (QI)	98,0	0,1	0,8	0,1	1,0
Menge (MI)	30,0	30,0	13,5	7,5	19,0
Termin (TI)	63,0	7,0	4,0	3,0	23,0

Die folgende Abbildung zeigt graphisch die Notenverteilung.

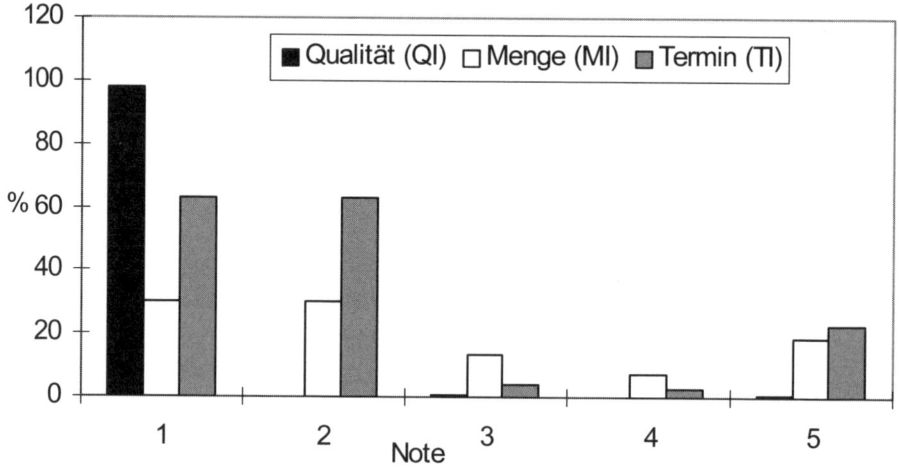

Abbildung 43: Lieferverhalten Herbst 1991

Bei einem Vergleich zum Herbst 1994 ergaben sich folgende Erkenntnisse. Bei der Betrachtung eines Zeitraumes von sechs Monaten mit insgesamt ca 23.500 Wareneingängen ergab die Notenverteilung der einzelnen Bewertungskriterien folgenden Anteil in Prozent:

	1	2	3	4	5
Qualität (QI)	99,36	0,05	0,25	0,07	0,27
Menge (MI)	73,70	4,00	4,00	0,60	17,70
Termin (TI)	46,30	24,00	11,40	0,40	17,90

Die folgende Abbildung zeigt graphisch die Notenverteilung:

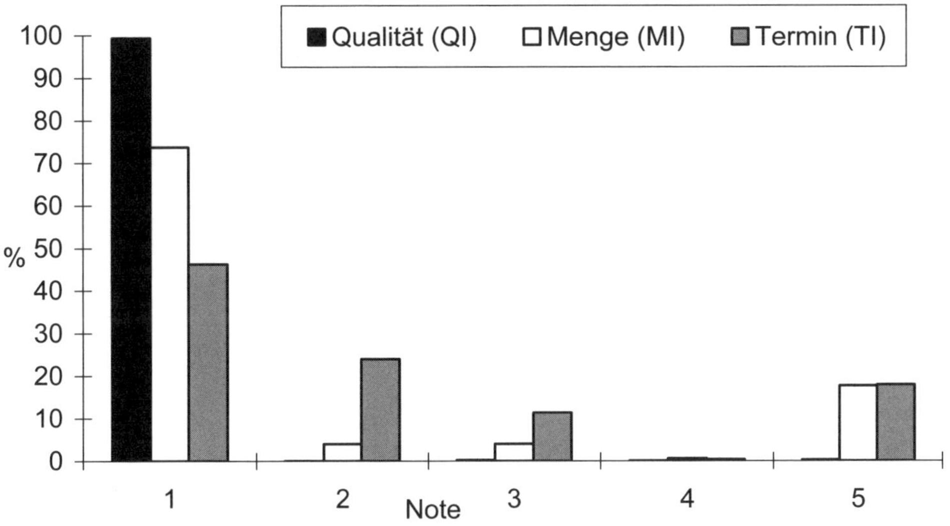

Abbildung 44: Lieferverhalten Herbst 1994

Ein Vergleich der Monatsergebnisse am Beispiel von drei der 32 Lieferanten zeigt die Entwicklung der Lieferleistung. Über den Zeitraum von sechs Monaten werden die Gesamtindizes der einzelnen Bewertungskriterien dargestellt. Die drei ausgewählten Lieferanten dokumentieren stellvertretend das Spektrum der Leistungsentwicklung.

Der Qualitätsindex (QI) des Lieferanten 1 zeigt in den Monaten 2 und 3 eine deutliche Verbesserung, in den Monaten 4 und 5 allerdings wieder eine Verschlechterung des Ergebnisses. Das Endergebnis im Monat 6 liegt dann mit 1,8 unter dem des Startmonats von 2,3. Die Entwicklung des Mengen- (MI) und Terminindex (TI) zeigt eine deutlichere Verbesserung. Während sich der Mengenindex erst in den letzten Monaten verbessert, zeigt der Terminindex eine kontinuierliche positive Entwicklung. Durch die insgesamt positive Entwicklung bei Menge und Termin wird der Lieferindex (LI) entsprechend beeinflußt, so dass der Lieferant sein Gesamtergebnis um 1,0 Notenpunkte von 3,1 auf 2,1 verbesserte.

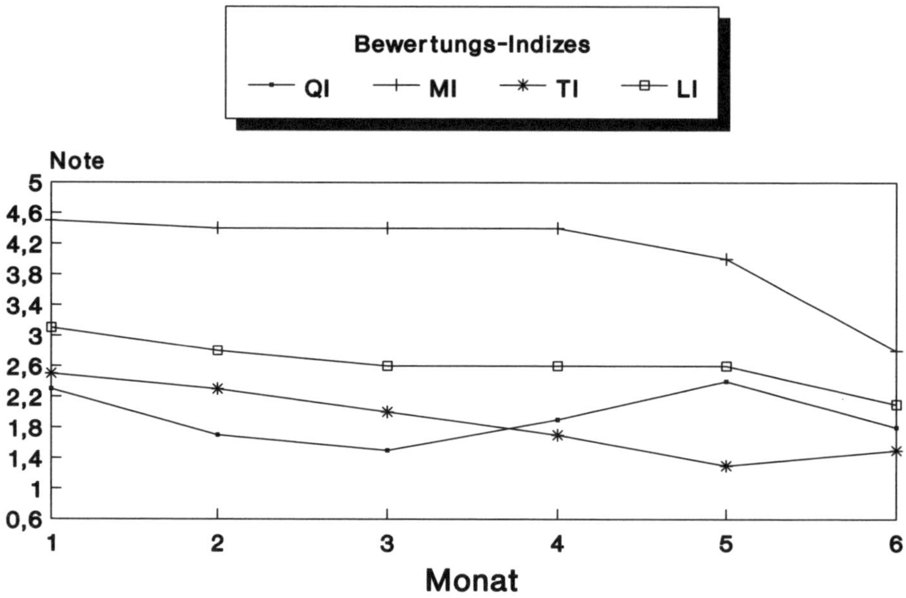

Abbildung 45: Leistungsprofil - Lieferant 1

Der zweite Lieferant zeigt eine deutliche Verbesserung beim Qualitätsindex. Er verbesserte sich von 2,4 im Startmonat in vier Monaten auf 1,0. Dieser Wert wird in den folgenden Monaten ebenfalls erreicht.

Der Mengen- und Terminindex zeigt dagegen nach anfänglich positiver Entwicklung in den Monaten 2 und 3 eine tendenziell negative Entwicklung in den letzten Monaten. Daraus ergibt sich als Gesamtergebnis für den Lieferindex im betrachteten Zeitraum auch nur eine schwache Verbesserung um 0,2 Notenpunkte von 2,2 auf 2,0.

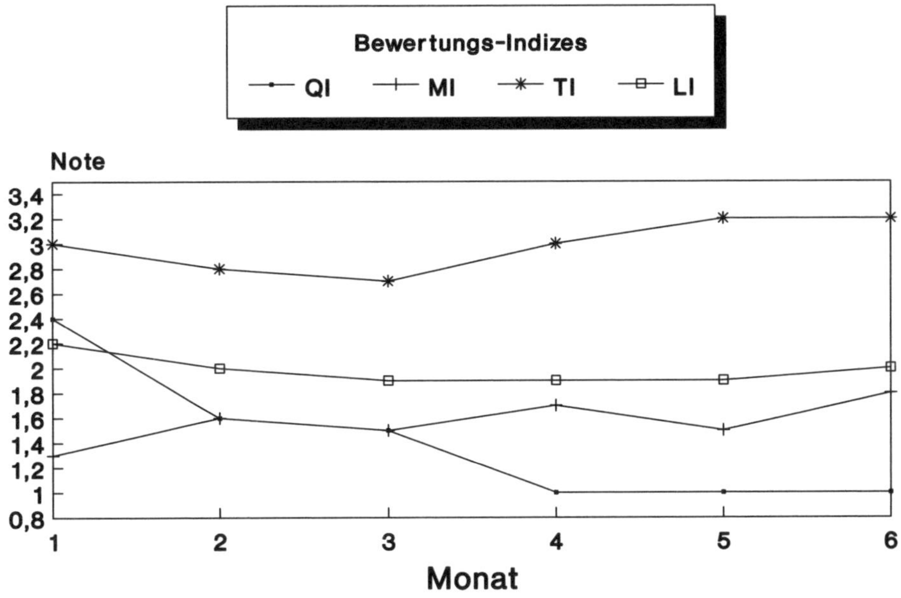

Abbildung 46: Leistungsprofil - Lieferant 2

Der Lieferant 3 zeigt mit seinem Qualitätsindex von 1,0 ein gleichbleibend sehr gutes Ergebnis. Der Mengen- und Terminindex verbesserte sich in den ersten Monaten sehr deutlich, verschlechterte sich allerdings wieder zum Ende des Betrachtungszeitraums. Dadurch fällt der Lieferindex mit einer Verbesserung um 0,3 Notenpunkte von 1,6 auf 1,3 etwas bescheidener aus.

Lieferant 1 erreichte im Betrachtungszeitraum vom Ergebnisunterschied den besten Wert. Er hatte aber auch das schlechteste Leistungsniveau im Startmonat vorzuweisen. Die Lieferanten 2 und 3 begannen auf einem entsprechend besseren Niveau, so dass der Unterschied im Ergebniswert nicht so deutlich ausfällt. Es ist immer leichter, ein relativ schlechtes Ergebnis zu verbessern (siehe Lieferant 1) als ein gutes Ergebnis über einen längeren Zeitraum zu bestätigen. Dies gelang zumindest dem Lieferant 3 mit seinem Qualitätsergebnis.

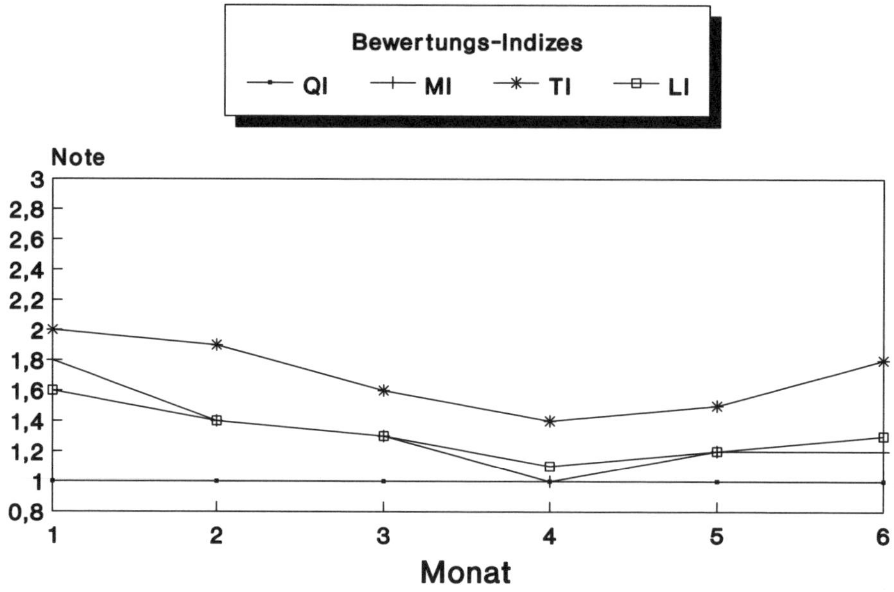

Abbildung 47: Leistungsprofil - Lieferant 3

Die Leistungsprofile zeigen, dass es Lieferanten gibt, deren Leistung von Anfang an voll zufriedenstellend war.

■ Es wird aber auch deutlich, dass die übermittelten Daten Reaktionen ausgelöst haben, die mehr oder weniger kurzfristig zur Verbesserung des Liefererergebnisses (im Schwerpunkt Qualität) geführt haben.

Mit einer nachhaltigen Verbesserung des Mengen- und Terminindex tun sich die Lieferanten noch schwer. Im Einzelfall wird die Entwicklung auch durch Entscheidungen im Hause Kromschröder mitbestimmt.

Die nur stufenweise Verbesserung einzelner Ergebnisse liegt in der rollierenden Drei-Monats-Übersicht begründet. Schlechte Ergebnisse im ersten Monat werden erst im vierten Monat nicht mehr betrachtet.

5.4.5 Ansätze zur Weiterentwicklung der Lieferantenbewertung

Aufgrund der bisher gemachten Erfahrungen, der Arbeit mit dem System sowie der Anregungen und Hinweise der Lieferanten (siehe 5.4.3), haben sich weitere Ansätze ergeben. Die daraus resultierenden Anforderungen zur Veränderung des Systems dienen der Verfeinerung und Weiterentwicklung. Die Anforderungen lassen sich in zwei Problembereiche einteilen:

a) Indexberechnung

- Die Notwendigkeit, einzelne Bestellungen (z. B. Muster-/Probebestellungen, Investitionen usw.) durch Markieren aus der Bewertung auszuschließen.
- Die Möglichkeit zur Kennzeichnung einer Bestellung mit der Erlaubnis zur Teillieferung, so dass erst bei der Abschlusslieferung aus der Summe der Teilmengen im Vergleich zur Gesamtbestellmenge der Mengenindex ermittelt wird.
- Die Festlegung unterschiedlicher Bewertungstabellen für die verschiedenen Artikelgruppen (z. B. kann der Output bei Gußteilen nur als "plus-minus-Stückzahl" über den Rohstoffeinsatz bestimmt werden und das setzt größere Toleranzen bei der Festlegung des Mengenindex voraus.).
- Die Gewichtung der Einzelindizes im Vergleich zum Lieferindex (evtl. Schwerpunkt beim Qualitätsindex).

b) Bewertungssystem

- Die Erfassung und Ermittlung eines Lieferanten-Monatsergebnisses nach Qualitäts-, Mengen- und Terminabweichungen und ein daraus resultierendes Jahresergebnis, um eine Entwicklung innerhalb eines Jahres bzw. der Jahre zu dokumentieren.
- Neben der durch das System ermittelten Noten (Lieferleistung), die Eingabe einer Zusatzbenotung durch den Einkäufer für nicht quantifizierbare Anforderungskriterien, wie z. B. für Flexibilität, Innovationsfähigkeit, Erfahrung usw. (wirtschaftliche und technische Leistungsfähigkeit des Lieferanten).
- Die Mitteilung an ausgesuchte Lieferanten am Jahresende in Form eines Zertifikates, verbunden mit der Würdigung der Leistung des Lieferanten durch den Einkauf und die Geschäftsleitung.
- Das Überspielen der Bewertungsdaten auf den PC zur statistischen und graphischen Aufbereitung.

5.5 Schlussbetrachtung und Abgrenzung zu SAP-R/3

In einer Zeit, in der die Qualität immer mehr an Bedeutung gewinnt, in der Just-in-Time-Anlieferungen immer noch ihre Berechtigung haben und in der Lagerbestände aufgrund der Kapitalbindung minimiert werden, ist die Zuverlässigkeit eines Lieferanten wichtiger denn je. Durch die Verringerung der Reaktionszeiten wird der Spielraum, der zur Beseitigung eines Mangels zur Verfügung steht, immer kleiner.

Die Qualität gehört heute zu den zentralen Punkten in den Unternehmenszielen der Kromschröder AG. Das Lieferantenbewertungssystem ist über die Qualitätsdatenerfassung in das Qualitätssicherungssystem integriert. Es leistet damit einen entscheidenden Beitrag zum externen Qualitätssicherungskonzept der Kromschröder AG.

Mangelnde Qualität, eine zu späte Lieferung oder eine falsche Menge haben auch immer Auswirkungen auf nachgelagerte Bereiche bzw. Prozesse. Kommt die Produktion durch Fehler in der Qualität, Termin oder Menge zum Stillstand, leidet aufgrund der Lieferverzögerungen der Endgeräte nicht nur das Image der eigenen Firma, sondern es entstehen schnell Kosten, die um ein Vielfaches höher sein können als die Kosteneinsparung durch günstige Preise.

Früher war das wichtigste Auswahlkriterium für einen Lieferanten der Preis. Heute hat der Preis nur noch zweitrangige Bedeutung. An erster Stelle steht die Qualität und Verlässlichkeit des Lieferanten, pünktlich die bestellte Menge zu liefern. Bei der Entscheidung, ein Teil hier oder dort zu beziehen, ist das Unternehmen immer häufiger bereit, die Zuverlässigkeit über den Preis zu honorieren.

Bisher waren nur vage Aussagen über Mengen- und Terminzuverlässigkeit sowie die Qualität eines Lieferanten möglich. Dank der "unparteiischen" systematischen Erfassung der Bewertungsdaten ist es erstmals möglich, eine objektivere und umfassende Aussage über die Leistung eines Lieferanten zu treffen. Eine differenzierte Betrachtung bestimmter Teile eines Lieferanten ist hiermit realisierbar geworden.
Durch die Auskunft im Dialog ist das Ergebnis auf einen Blick ablesbar und ein Vergleich der Leistungsprofile verschiedener Lieferanten wird dadurch gewährleistet. Der DV-Anwender kann ablesen, bei welchen Teilen ein Lieferant besondere Probleme hat, und in Verbindung mit der Fehlerart wird deutlich, ob der Mangel immer auf dem gleichen Fehler beruht.

Es ist sicherlich nicht richtig, alle Lieferanten aufgrund der Daten gleich zu beurteilen. Der Einkäufer hat die Aufgabe, individuelle Anforderungskriterien und lieferantenspezifische Merkmale in die Gesamtbeurteilung eines Lieferanten einzubeziehen. Neben den "nackten" Noten existieren oft noch "Insider-Informationen", die in einem DV-System nicht abgebildet werden können.

- Das Lieferantenbewertungssystem gibt dem Einkäufer und dem Lieferanten eine wichtige **Hilfestellung bei der objektiven Einschätzung der Lieferleistung**. Durch die Darstellung der Leistung "schwarz auf weiß" wird Sensibilität für die Wichtigkeit einer fehlerfreien Lieferung wesentlich erhöht oder zum Teil erst geschaffen.
- Erst die **lückenlose Bewertung** und Dokumentation der Lieferabweichungen gibt dem Lieferanten die Möglichkeit, seine Leistung hinsichtlich Qualität, Termin- oder Mengenzuverlässigkeit zu verbessern.
- Durch die **regelmäßige Mitteilung** der Bewertungsdaten wird ein Dialog zwischen Einkauf und Lieferant hergestellt und am Leben gehalten. Dieser Dialog hat für beide Seiten positive Effekte auf die Zusammenarbeit und den Ausbau der partnerschaftlichen Beziehungen.

Hierbei leistet das Lieferantenbewertungssystem der Kromschröder AG eine wichtige und zielorientierte Unterstützung. Die eigenentwickelte Software wird jedoch nicht weiter entwickelt. Das Unternehmen hat sich 1997 entschieden, diese durch die Standardsoftware R/3 von SAP abzulösen. Die oben genannten Anforderungen und die von Kromschröder entwickelten Funktionen werden durch das R/3-System in der zur Zeit eingesetzten Version 4.5 B nur zum Teil abgedeckt. Allerdings werden von SAP auch Funktionen zur Verfügung gestellt, die bei Kromschröder in dieser Form nicht genutzt werden.

Die Abbildungen 48.1 und 48.2 zeigen die Abweichungen auf.

Die mit X gekennzeichneten Funktionen sind vorhanden. Der Wert in Klammern (X) bedeutet nur eine eingeschränkte SAP-Funktionalität im Vergleich zum K-System.

Funktionalität	K"-System	SAP-R/3
Anwendungsbereich		
- Lieferleistung	X	X
- Leistungsfähigkeit		X
Hauptkriterien		
- Vordefiniert		5
- Eigendefiniert		max. 99
Teilkriterien		
- Vordefiniert	3	14
- Eigendefiniert		max. 20
Gewichtung		
- Hauptkriterien		X
- Teilkriterien	Gleich	Gleich
Ermittlungsmethode		
- Manuell		X
- Teilautomatisch		X
- Automatisch	X	X

Abbildung 48.1: Gegenüberstellung - Lieferantenbewertung (S. 1)

Diese Punkte sind im Einzelnen:

1. Bestellungen ohne Materialstammsatz
   → Diese Form der Beschaffung erlaubt keine Qualitätsbewertung.
2. Einteilung zum Rahmenvertrag mit Materialstammsatz
   → Diese Form der Beschaffung erlaubt keine Mengenbewertung.
3. Einzelnote für das Bewertungskriterium
   → Die Einzelnote für Mengen- und Terminbewertung sind nicht als Einzelwert im System hinterlegt.
4. Statistik
   → Sie bietet eine Gruppierung nach 5 Klassen, die nicht mit der Einstufung in der Lieferantenbeurteilung übereinstimmt. Darüber hinaus gibt es keine gemeinsame Statistik für die jeweiligen Beurteilungskriterien, sondern getrennt nach den Anwendungsbereichen Qualitätsmanagement und Materialwirtschaft.

5. Lieferantenvergleich
   → Er ist nur auf der Ebene Gesamtnote des Lieferanten möglich.
6. Lieferantenmitteilung
   → Das Druckprogramm und das Formular kann ohne Überarbeitung nicht eingesetzt werden.

Funktionalität	K"-System	SAP-R/3
Verarbeitungsregel der Teilkriterien		
- Exponentielle Glättung		Einzelnote
- Arithmetisches Mittel	X	Einzelnote, Gesamtnote
Verfahren		
- Punktbewertung		X
- Indexsystem	X	
Bewertung von (Menge, Termin, Qualität)		
- Bestellungen mit Materialstammsatz	X	X
- Bestellungen ohne Materialstammsatz	X	(**X**, ohne Q)
- Einteilungen zum Rahmenvertrag mit Materialstamm	X	(**X**, ohne M)
Bewertungsebene		
- Einzelnote für die Lieferung	X	
- Einzelnote für das Bewertungskriterium	X	(X)
- Gesamtnote für das Bewertungskriterium	X	X
- Gesamtnote für den Lieferanten	X	X
Auswertungen		
- Statistik		(X)
- Lieferantenvergleich	X	(X)
- Lieferantenmitteilung	X	(X)

Abbildung 48.2: Gegenüberstellung - Lieferantenbewertung (S. 2)

Die Defizite bei den Auswertungen wurden seitens Kromschröder durch eigene Programme, die nicht den Standard „verletzten“, ausgeglichen.

Anhang

QS System Audit Bericht

BDF •••• tesa	Checkliste/Bewertung QM System Lieferant	

Anschrift des Lieferanten Telefon: ____________ Telefax: ____________ E-Mail: ____________	Anwesende des Lieferanten: Funktion: ____________ ____________ ____________ ____________ ____________ Anwesende von Beiersdorf: Funktion: ____________ ____________ ____________ ____________ ____________
Zweigwerke:	Mitarbeiter gesamt: Mitarbeiter in Prod.: Mitarbeiter in QM:
Zu liefernde Produkte:	<u>Geschäftsleitung</u> techn.: kaufm.: <u>Verantwortlich für</u> Produktion: Verkauf: Qualitätsmanagement: Qualitätswesen: Entwicklung:

Erreichte Punkte	Punkte		Ergebnis der Beurteilung	Aktionsplan mit Auflagen
	900-950 825-899 725-824 600-725 < 600	A 1 A 2 B 1 B 2 C	Anforderungen sehr gut erfüllt Anforderungen gut erfüllt Anforderungen teilweise erfüllt Anforderungen mangelhaft erfüllt Anforderungen nicht erfüllt	ja ☐ nein ☐

Unterschrift: Datum:

Lieferant: Beiersdorf:

BDF ••••

tesa

Checkliste/Bewertung QM System Lieferant

Lieferant: ______________________________ Datum: ______________

Erfüllungsgrad:

lfd. Nr.	Bewertungskriterien	max. err. Pkt.	err. Pkt.	%	% 10	20	30	40	50	60	70	80	90	100
01	Organisation/QM-System	100												
02	Vertragsüberprüfung	20												
03	Neuentwicklung von Produkten	50												
04	Lenkung der Dokumente	70												
05	Prozesslenkung	215												
06	Beschaffung	70												
07	Materialhandling	40												
08	Prüfungen	105												
09	Prüfmittel	40												
10	Qualitäts- und Prüfstatus	30												
11	Lenkung fehlerhafter Produkte	50												
12	Korrekturmaßnahmen	50												
13	Qualitätsaufzeichnungen	20												
14	Ausbildungsprogramm	20												
15	Zusammenarbeit mit BDF	45												
16	Statistische Methoden	25												
Punkte gesamt		950												

BDF ●●●● tesa	Checkliste/Bewertung QM System Lieferant	

Lieferant: ______________________________ Datum: ______________

Aktionsplan:

lfd. Nr.	Bewertungskriterien	Jan.	Feb.	März	April	Mai	Juni	Juli	Aug.	Sep.	Okt.	Nov.	Dez.	Anm
01	Organisation/QM-System													
02	Vertragsüberprüfung													
03	Neuentwicklung von Produkten													
04	Lenkung der Dokumente													
05	Prozesslenkung													
06	Beschaffung													
07	Materialhandling													
08	Prüfungen													
09	Prüfmittel													
10	Qualitäts- und Prüfstatus													
11	Lenkung fehlerhafter Produkte													
12	Korrekturmaßnahmen													
13	Qualitätsaufzeichnungen													
14	Ausbildungsprogramm													
15	Zusammenarbeit mit BDF													
16	Statistische Methoden													

BDF •••• tesa	Checkliste/Bewertung QM System Lieferant	

	1. Organisation / QM-System	**max. Pkt.**	**erreichte Pkt.**
1.1	Ist der Fachbereich Qualitätsmanagement bzw. der Qualitätsbeauftragte der Geschäftsleitung direkt unterstellt?	10	
1.2	Ist der Fachbereich Qualitätswesen dem Qualitätsmanagement fachlich unterstellt und/oder besteht eine neutrale Anbindung?	10	
1.3	Hat der Leiter des Qualitätsmanagements bzw. der Qualitätsbeauftragte vorrangig qualitätssichernde Aufgaben und für deren Erfüllung die entsprechenden Kompetenzen?	15	
1.4	Gibt es für alle Mitarbeiter des QM Stellenbeschreibungen, in denen Aufgaben und entsprechende Kompetenzen festegelegt sind? (z.B. für Produktfreigabe / Auslieferung)	10	
1.5	Ist ein QM-Handbuch verbindlich eingeführt und entspricht es der EN 29001 oder einer anderen Norm? Ist der Inhalt in den Fachabteilungen bekannt?	20	
1.6	Wird das QM-System periodisch und systematisch auf Wirksamkeit überprüft? (interne Audits mit Maßnahmenkontrolle)	20	
1.7	Werden Qualitätskosten ermittelt? (z.B. Verluste, Nacharbeit, Prüfkosten, Reklamationen u.s.w.) Gibt es Maßnahmenpläne der Geschäftsleitung zur Senkung dieser Koten?	15	
	Gesamt-Pkt.:	100	
	Erreichte Pkt.:	____	
	Erfüllungsgrad (%):	____	

	2. Vertragsüberprüfung		
2.1	Werden sämtliche Kundenforderungen vor Auftragsbestätigung überprüft und wird die Erfüllbarkeit dokumentiert?	10	
2.2	Wird sichergestellt, dass Änderungen sowohl intern als auch mit den Kunden schriftlich festgelegt werden?	10	
	Gesamt-Pkt.:	20	
	Erreichte Pkt.:	____	
	Erfüllungsgrad (%):	____	

BDF •••• tesa	Checkliste/Bewertung QM System Lieferant	

		max. Pkt.	erreichte Pkt.
3.	**Neuentwicklung von Produkten**		
3.1	Wird eine systematische Planung bei Neuentwicklungen durchgeführt?		
	--- Anforderungsprofil	5	
	--- Zeitplan	5	
	--- Prüfplan	5	
3.2	Werden Fehleranalysen (Entwicklungs-FMEA's) erstellt und aktualisiert?	10	
3.3	Wird das Entwicklungsergebnis in allen Zwischenschritten überprüft und dokumentiert?	10	
3.4	Sind alle Forderungen vor der Übergabe an die Produktion erfüllt und dokumentiert? (z.B. Prozessfähigkeit, Erstmusterprüfbericht, Kundentest u.s.w.)	15	
	Gesamt-Pkt.:	50	
	Erreichte Pkt.:	____	
	Erfüllungsgrad (%):	____	
4.	**Lenkung der Dokumente**		
4.1	Gibt es eine Liste mit allen gültigen Dokumenten? (z.B. Spezifikationen, Herstellanweisungen, Stücklisten, Arbeitsanweisungen u.s.w.)	10	
4.2	Werden die neuesten Spezifikationen verwendet und sind sie mit Beiersdorf abgestimmt und unterschrieben?	15	
4.3	Sind Zuständigkeit und Ablauf bei Spezifikationsänderungen schriftlich festgelegt, und werden sie in den Herstellanweisungen berücksichtigt?	15	
4.4	Sind komplette Kontrollpläne vorhanden (vom Rohstoff bis zum Endprodukt)? und enthalten sie folgende Angaben: Stammdaten, Prüfmerkmale, -häufigkeit, -methode, -mittel und Abstellmaßnahmen?	15	
4.5	Sind Zuständigkeit und Ablauf für die Änderungs-Freigabe der Kontrollpläne schriftlich geregelt?	15	
	Gesamt-Pkt.:	70	
	Erreichte Pkt.:	____	
	Erfüllungsgrad (%):	____	

5.	**Prozesslenkung**	**max. Pkt.**	**erreichte Pkt.**
5.1	Werden Prozess-FMEA's erstellt und laufend aktualisiert? (Überwachung der Abstellmaßnahmen u.s.w.)	20	
5.2	Haben die Produktionseinrichtungen die Fähigkeit, innerhalb der vorgeschriebenen Toleranzen zu produzieren? (Prozessfähigkeitsuntersuchung)	20	
5.3	Wird die Prozessfähigkeit (PFU) dokumentier/überwacht und entsprechend geregelt?	15	
5.4	Werden Qualitäts-Regelkarten geführt und zur Regelung eingesetzt? Sind die festgelegten Merkmale als Steuergrößen des Prozesses geeignet?	20	
5.5	Gibt es mit der Qualitätssicherung abgestimmte Fertigungsvorschriften, die Herstellverfahren, Maschineneinstellungen und das einzusetzende Material definieren?	20	
5.6	Sind Zuständigkeit und Ablauf für die Änderungsfreigabe der Fertigungsunterlagen schriftlich geregelt?	15	
5.7	Liegen alle erforderlichen Fertigungsunterlagen den für die Fertigungsabläufe direkt verantwortlichen Stellen vor?	15	
5.8	Ist die Unterweisung der Mitarbeiter hinsichtlich der fachgerechten Benutzung der Fertigungsunterlagen und der Produktionseinrichtungen schriftlich geregelt?	10	
5.9	Werden am Produkt alle notwendigen In-Prozessprüfungen durchgeführt, um die geforderte Qualität des Endproduktes sicherzustellen?	20	
5.10	Sind Maßnahmen schriftlich festgelegt, die den Ablauf bei Abweichungen von Vorgaben bestimmen?	15	
5.11	Wird vorbeugende Instandhaltung aller Produktionseinrichtungen nach einem Wartungsplan durchgeführt?	10	
5.12	Sind Produktverlagerungen und Prozessänderungen schriftlich geregelt und werden die Mitarbeiter gesondert informiert?	15	
5.13	Wird BDF bei Prozess- und Produktänderungen informiert, um zu verhindern, dass Änderungen unbemerkt beleiben, die nicht durch das normale Prüfverfahren feststellbar sind?	20	
	Gesamt-Pkt.:	215	
	Erreichte Pkt.:	____	
	Erfüllungsgrad (%):	____	

	6. Beschaffung	**max. Pkt.**	**erreichte Pkt.**
6.1	Sind Beurteilung und Auswahl von Zulieferanten festgelegt?	20	
6.2	Werden Lieferantenbesuche durchgeführt:		
	--- um sich von Prüfungen zu überzeugen und Prüfergebnisse einzusehen?	10	
	--- um System- oder Produktauditierungen durchzuführen?	10	
6.3	Sind die Qualitätsanforderungen in den Beschaffungsunterlagen eindeutig festegelegt?	10	
6.4	Werden die Beschaffungsdokumente geprüft und freigegeben?	10	
6.5	Ist die Freigabe von Mustern vor der Serienlieferung schriftlich geregelt?	10	
	Gesamt-Pkt.:	70	
	Erreichte Pkt.:	____	
	Erfüllungsgrad (%):	____	

	7. Materialhandling		
7.1	Ist eine Rückverfolgung von der gelieferten Ware zu den eingesetzten Rohstoffen möglich?	10	
7.2	Werden die Materialien so behandelt und gelagert, dass ein Vermischen verschiedener Fertigungslose vermieden wird?	10	
7.3	Werden Materialbewegung, Lagerung und Verpackung so vorgenommen, dass die Qualität der Materialien nicht beeinträchtigt wird?	10	
7.4	Werden versandfertige Lieferungen entsprechend der Beiersdorf-Vorgaben verpackt und gekennzeichnet?	10	
	Gesamt-Pkt.:	40	
	Erreichte Pkt.:	____	
	Erfüllungsgrad (%):	____	

		max. Pkt.	erreichte Pkt.
8.	**Prüfungen**		
8.1	Werden bei der Prüfplanung folgende Kriterien festgelegt: Prüfzeitpunkt, Prüfmerkmal, Prüfmethode, Prüfmittel und Prüfumfang?	10	
8.2	Wird generell nach festgelegten Stichprobenplänen geprüft?	10	
8.3	Erfolgt eine generelle Eingangsprüfung bzw. sind Zertifikatslieferungen schriftlich vereinbart? Werden die Angaben der Zertifikate geprüft und erfolgen ggf. Gegenprüfungen?	15	
8.4	Ist der Einsatz von ungeprüften Materialien schriftlich geregelt?	10	
8.5	Werden In-Prozessprüfungen zur Steuerung der Prozesse angewandt?	10	
8.6	Ist die Unterweisung des Prüfpersonals hinsichtlich der fachgerechten Benutzung der Prüfanweisungen und Prüfmittel schriftlich geregelt?	10	
8.7	Werden alle notwendigen Prüfungen am Endprodukt gemäß Kotrollplan durchgeführt, um die Anforderungen gemäß Beiersdorf Spezifikation nachzuweisen?	20	
8.8	Werden Beiersdorf die Prüfergebnisse in Form eines Zertifikates für jede Lieferung zugestellt?	20	
	Gesamt-Pkt.:	105	
	Erreichte Pkt.:	____	
	Erfüllungsgrad (%):	____	
9.	**Prüfmittel**		
9.1	Stehen alle notwendigen Prüfmittel und Einrichtungen zur Verfügung, um die in den Kontrollplänen spezifizierten Forderungen prüfen zu können?	10	
9.2	Sind die Prüfmethoden und Geräte infolge statistischer Absicherung genau genug, um die spezifizierten Forderungen prüfen zu können?	10	
9.3	Werden alle Prüfmittel regelmäßig kalibriert, werden die Ergebnisse protokolliert und ist der aktuelle Stand am Gerät erkennbar?	10	
9.4	Ist die Kalibrierung aller Geräte schriftlich geregelt?	10	
	Gesamt-Pkt.:	40	
	Erreichte Pkt.:	____	
	Erfüllungsgrad (%):	____	

		max. Pkt.	erreichte Pkt.
10.	**Qualitäts- und Prüfstatus**		
10.1	Ist eine einwandfreie Identifizierung und Kennzeichnung des Prüfstatus im Wareneingang beim Fertigen, Lagern, Verpacken und Versenden sichergestellt?	20	
10.2	Wird fehlerhaftes Material gesperrt, gekennzeichnet und separiert?	10	
	Gesamt-Pkt.:	30	
	Erreichte Pkt.:	____	
	Erfüllungsgrad (%):	____	
11.	**Lenkung fehlerhafter Produkte**		
11.1	Ist sichergestellt, dass gesperrtes Material nicht verarbeitet werden kann?	10	
11.2	Werden Fertigungsoperationen, die fehlerhaftes Material produzieren oder außer Kontrolle geraten sind, sofort korrigiert?	15	
11.3	Gibt es eine Richtlinie, die die Entscheidungsbefugnis über gesperrtes Material eindeutig regelt?	15	
11.4	Werden nachgearbeitete oder aussortierte Produkte von einer neutralen Stelle nachkontrolliert?	10	
	Gesamt-Pkt.:	50	
	Erreichte Pkt.:	____	
	Erfüllungsgrad (%):	____	
12.	**Korrekturmaßnahmen**		
12.1	Wird die Prüfhäufigkeit erhöht, wenn fehlerhaftes Material produziert wurde und ist das Verfahren schriftlich geregelt?	10	
12.2	Gibt es eine Fehleranalyse zur Ursachenermittlung und wird die Wirksamkeit von Korrekturmaßnahmen kontrolliert?	20	
12.3	Analysiert der Lieferant die von Beiersdorf zurückgeschickten, fehlerhaften Materialien? Ermittelt er die Fehlerursache, und trifft er geeignete Abstellmaßnahmen?	20	
	Gesamt-Pkt.:	50	
	Erreichte Pkt.:	____	
	Erfüllungsgrad (%):	____	

		max. Pkt.	erreichte Pkt.
13.	**Qualitätsaufzeichnungen**		
13.1	Werden Prüfergebnisse dokumentiert und ist die Aufbewahrungsfrist geregelt?	10	
13.2	Werden Prüfergebnisse grafisch dokumentiert?	10	
	Gesamt-Pkt.:	20	
	Erreichte Pkt.:	____	
	Erfüllungsgrad (%):	____	
14.	**Ausbildungsprogramm**		
14.1	Gibt es ein Aus- und Weiterbildungsprogramm für Mitarbeiter, die mit qualitätsbestimmenden Tätigkeiten betraut sind?	20	
	Gesamt-Pkt.:	20	
	Erreichte Pkt.:	____	
	Erfüllungsgrad (%):	____	
15.	**Zusammenarbeit mit BDF**		
15.1	Haben Beiersdorf QM Mitarbeiter Zugang zu den Fertigungsstätten und Prüfplätzen?	10	
15.2	Erhalten Beiersdorf QM Mitarbeiter bei Bedarf Einsicht in die Qualitätsaufzeichnungen?	10	
15.3	Ist der Lieferant bereit, mit Beiersdorf gemeinsam einen Kontrollplan zu erstellen, um durch Zertifikatslieferungen die Grundlage für eine Reduzierung der Wareneingangsprüfungen bei Beiersdorf zu schaffen?	25	
	Gesamt-Pkt.:	45	
	Erreichte Pkt.:	____	
	Erfüllungsgrad (%):	____	
16.	**Statistische Methoden**		
16.1	Werden statistische Methoden angewendet? z. B.		
	--- Qualitätsregelkarten	10	
	--- Prozessfähigkeitsuntersuchungen	10	
	--- Paretoanalyse (A, B, C)	5	
	Gesamt-Pkt.:	25	
	Erreichte Pkt.:	____	
	Erfüllungsgrad (%):	____	

BDF ●●●● tesa	Checkliste/Bewertung QM System Lieferant	

Anmerkungen:

zu Frage Nr.

Inhaltsverzeichnis

Literaturverzeichnis

Arnold, U., Beschaffungsmanagement, Schäffer-Poeschel Verlag, Stuttgart 1995

Arnolds, H./Heege, F./Tussing, W., Materialwirtschaft und Einkauf, Gabler Verlag, 8. Auflage, Wiesbaden 1996

Bichler, K., Permanente Bewertung der Lieferantenleistung, in: Beschaffung aktuell, Nr. 12, Leinfelden 2000

Grunewald, H., erfolgreicher einkaufen und disponieren, Rudolf Haufe Verlag, 2. Auflage, Freiburg 1988

Harting, D., Wertgestaltender Einkauf, in: Beschaffung aktuell, Nr. 8, Leinfelden 1990

Hartmann, H., Lieferantenmanagement: Gestaltungsfelder, Methoden, Instrumente, Deutscher Betriebswirte-Verlag, Gernsbach 2007

ders. Materialwirtschaft: Organisation, Planung, Durchführung, Kontrolle, 8. Aufl., Deutscher Betriebswirte-Verlag, Gernsbach 2002

Hartmann, H., Praxis der Materialwirtschaft - 15 Fälle von Bedarfsermittlung bis Einkaufen, VWP - Verlag, Köln 1991

Kamiski, G.F., Qualifizierung, Auditierung, Zertifizierung - Resultate einer empirischen Studie, Abschlussbericht, Technische Universität Berlin, Berlin 1994

Muschinski, W., Lieferantenbewertung in Deutschland, in: Beschaffung aktuell, Nr. 9, Leinfelden 1998

Nachtweh, K.-P., Prozess- und zielorientierte Lieferantenauswahl, in : Beschaffung aktuell, Nr. 2, Leinfelden 1998

Orths, H., Controlling im Einkauf, in: M. Strub (Hrsg.), Einkaufs- und Bestandsmanagement, Lech 1998

ders. Einkaufscontrolling als Führungsinstrument - Tipps und Tools für den Erfolg, Deutscher Betriebswirte-Verlag, Gernsbach 2003

SAP, Systembeschreibung "Aufbau der Lieferantenbeurteilung", Walldorf 1992 (Stand 1.6.1992)

SAP, MM - Lieferantenbeurteilung, Walldorf 2001

Stark, H./Werner W., Lieferantenwahl - Grundlage aktiver Beschaffungsvorbereitung, in: Beschaffung aktuell, Nr. 3, Leinfelden 1989

Zentralverband Elektrotechnik- und Elektroindustrie (ZVEE), Lieferantenbewertung, Nürnberg 1996

Stichwortverzeichnis